DEUTSCHE AKADEMIE DER WISSENSCHAFTEN ZU BERLIN

Veröffentlichungen des Geodätischen Institutes in Potsdam

Nr. 6

NADIRKETTEN MIT STRECKENMESSUNG

(AEROPOLYGONIERUNG)

VON

KARL REICHENEDER

1951

AKADEMIE-VERLAG · BERLIN

Erschienen im Akademie-Verlag GmbH., Berlin NW 7, Schiffbauerdamm 19
Lizenz-Nr. 202 · 100/46/51
Gedruckt in der Buchdruckerei F. Mitzlaff, Rudolstadt i. Thür. V-14-7 (636)
Bestell- und Verlagsnummer: 2016/6
Preis: 4,— DM
Printed in Germany

Vorwort

Gegen meine erste Veröffentlichung über Nadirtriangulation [1] wurde im wesentlichen der Einwand geltend gemacht, daß die Voraussetzung unabhängiger Beobachtungen in der photogrammetrischen Praxis nicht zutreffe[1]). Ich möchte auf diese grundlegende Frage an dieser Stelle ausführlicher eingehen.

Je besser eine Fehlertheorie der praktischen Wirklichkeit angepaßt ist, um so einwandfreier sind selbstverständlich ihre Schlußfolgerungen. Es ist nun bei theoretischen Untersuchungen allgemein üblich, von einem idealisierten Zustand auszugehen, falls die tatsächlichen Verhältnisse sich dem Zugriff einer quantitativen Behandlung entziehen. Gelingt es, den Schleier etwas zu lüften, welcher über die vermuteten Zusammenhänge ausgebreitet liegt, so lassen sich die auf diese Weise entdeckten sogenannten systematischen Einflüsse berechnen und eliminieren. Falls man dieses aus irgendwelchen Gründen nicht tun will oder tun kann, muß die Liebe für systematische Fehler immer platonisch, d. h. unfruchtbar bleiben, und es hat dann überhaupt keinen Zweck, systematische und zufällige Fehler zu unterscheiden. Wenn man das Kausalprinzip nicht ablehnen will, ist letzten Endes jeder Fehler auf eine bestimmte Ursache zurückzuführen, also systematischer Natur, so wie umgekehrt jeder Fehler als zufällig zu gelten hat, wenn man von Wahrscheinlichkeitsbetrachtungen ausgeht. Nach meinem Dafürhalten sollte man den Begriff des systematischen Fehlers nur auf solche Fehleranteile beschränken, welche man auf Grund eines bekannten oder angenommenen Gesetzes tatsächlich eliminiert hat und den Rest als zufällige Fehler betrachten.

Mit dem Begriff des systematischen Fehlers von Beobachtungen ist jener ihrer Abhängigkeit eng verknüpft, nämlich die Abhängigkeit von den Parametern, welche den systematischen Fehler verursachen. Da nach obigem systematische Fehler als eliminiert gelten sollen, wären die verbleibenden Beobachtungen sinngemäß als voneinander unabhängig zu bezeichnen.

Das Prinzip der Nadirtriangulation verlangt genau lotrechte Aufnahmen. Es ist daher eigentlich selbstverständlich, bei der Theorie von Rauten- und Nadirketten ebenfalls davon auszugehen. Praktisch sind die Aufnahmen mehr oder weniger geneigt, die im Nadir bzw. Nadirnähe ausgemessenen Richtungen also leicht verzerrt. Die erforderlichen Reduktionen lassen sich berechnen, falls zwei Neigungskomponenten und etwa vorhandene Höhenunterschiede im Gelände bekannt sind, und die damit verbesserten Richtungen können wie völlig unabhängig voneinander behandelt werden. Der kartierende Praktiker hat eine solche Rechnung natürlich nicht nötig; er stellt an seinem Auswertegerät die Neigungen ein bzw. gelangt durch Probieren zu einer optimalen Einpassung. Wie aber verhält sich der Analytiker, welcher die Reduktionsrechnung nicht durchführen kann, weil er die Neigungen nicht kennt oder wegen der immerhin mühseligen und zeitraubenden Arbeit nicht durchführen will? Im ersten Fall ist das Vorhandensein etwaiger Neigungen und damit systematischer Einflüsse ebensowenig zu beweisen, wie etwa die Behauptung zu widerlegen ist, daß gerade hier alle Aufnahmen genau senkrecht seien. Es ist nur unwahrscheinlich, das letztere anzunehmen, womit man aber gleichzeitig den zufälligen Charakter etwaiger Fehler proklamiert. Im zweiten Fall weiß man zwar über die Neigungsverhältnisse Bescheid, ihr systematischer Einfluß wird aber bewußt ignoriert. Wer könnte dem Theoretiker einen Vorwurf machen, wenn er hier ebenso verfährt und die Beobachtungen als voneinander unabhängig annimmt?

Zugegeben, daß dieses gerade in der Photogrammetrie als Mißklang empfunden wird, weil die erwähnten Reduktionen bei geneigten Aufnahmen den eigentlichen Meßfehler erheblich über-

---

[1]) F. Kobold, Schweiz. Zeitschr. f. Vermessung u. Kulturtechnik, XLVII. Jahrg., 1949, S. 251—252. — van der Weele, Tijdschr. voor Kadaster en Landmeetkunde, 65. Jahrg., 1949, S. 243—244.

steigen können. Diesen Umständen kann aber der Fehlertheoretiker nur dadurch Rechnung tragen, daß er den mittleren Fehler einer Beobachtung höher ansetzt, als die reine Auswertung erwarten läßt. Natürlich muß man immer bestrebt sein, die systematischen Einflüsse weitmöglichst auszuschalten und offensichtlich geschieht dieses auch in der Praxis. Dort aber, wo das nicht mehr möglich ist, beginnen die Gesetze der Wahrscheinlichkeit.

Meines Erachtens liegt das Mißverhältnis zwischen Theorie und Praxis darin begründet, daß der Theoretiker die bei der instrumentellen Auswertung vorliegenden Verhältnisse nur in unvollkommener Weise widerspiegeln kann. Er wählt nur einzelne markante Punkte auf jedem Bild aus, eben gerade so viel, als er zum Aufbau seiner Rautenkette benötigt. Demgegenüber umfaßt der Praktiker das ganze von zwei Aufnahmen doppelt überdeckte Gesichtsfeld mit einem Blick, und dieser Bildeindruck befähigt ihn dann, nicht nur Bild an Bild zu reihen, sondern gleichzeitig auch noch kleine Neigungskorrektionen vorzunehmen. Wollte der Theoretiker ein solches Probierverfahren nachahmen, so müßte er noch zusätzlich eine große Zahl von Hilfspunkten auswerten, um zur Ermittlung der als Unbekannte einzuführenden zwei Neigungsparameter je Aufnahme die nötigen Bestimmungsgleichungen zu erhalten. Ein solches Unternehmen wird wohl niemand ernstlich durchführen und wäre auch noch lange nicht ein gleichwertiges Vorgehen. Dieser Mangel wirkt sich aber nach meiner Ansicht im wesentlichen nur auf die Größe des Übertragungsfehlers zwischen zwei aufeinanderfolgenden Aufnahmen (Rauten) aus, welcher vom Analytiker höher anzusetzen ist als vom kartierenden Praktiker.

Wenn also dieser dank der Genauigkeit seiner optisch-mechanischen Geräte im Augenblick dem Analytiker gegenüber im Vorteil ist, so kann sich diese Lage vielleicht ändern. Es ist kaum denkbar, daß die Präzision dieser Geräte noch überboten werden kann, dagegen liegt eine Verbesserung der Aufnahmetechnik im Bereich der Möglichkeit. Bei feinstem Plattenkorn und höchster Empfindlichkeit (Herabsetzung der Bewegungsunschärfe), größerer Brennweite und größerem Bildformat, exakter Neigungsbestimmung bzw. besserer Einhaltung des Lots während der Aufnahme könnte eine einzige mit höchster Genauigkeit ausgemessene Rautenkette wertvoller sein als noch so viele instrumentell ausgewertete Punkte. In gleichem Maße würden dann auch fehlertheoretische Untersuchungen von Rautenketten an praktischer Bedeutung gewinnen. Ob die Photogrammetrie diesen Weg gehen wird, erscheint mir sehr zweifelhaft, da ihre Hauptaufgabe auf kartographischem Gebiet liegt, wo sie bereits einen kaum zu überbietenden Grad von Vollendung erreicht hat.

Die folgende Arbeit wendet sich ihrem Wesen nach in erhöhtem Maße an den Analytiker, welcher aus den dem Luftbild entnommenen Längen und Richtungen seine Triangulation aufbaut. Nach dem Vorhergehenden wird man daher verstehen, wenn ich wieder an dem Prinzip voneinander unabhängiger Beobachtungen festhalte.

Die erforderlichen Rechenarbeiten wurden von Frl. Rahmsdorf ausgeführt, welche auch beim Lesen der Korrekturen geholfen hat. Die Reinschrift des Manuskriptes besorgte meine Frau Gertrud. Ihnen sei herzlich gedankt.

Potsdam, November 1951

KARL REICHENEDER

Inhalt

Seite

Einleitung 1

I. Die Maßstabsübertragung in Rautenketten 2

II. Die Genauigkeit der Streckenmessung 3
1. Grundlegende Bemerkungen 3
2. Einfache Streckenmessung 4
3. Doppelte Streckenmessung 6

III. Die praktische Durchführung der Streckenmessung 8
1. Übertragungsformeln im allgemeinen Fall 8
2. Praktische Auswertung 10
a) Entwicklung der Rechenformeln 10
b) Formularmäßige Darstellung 12

IV. Das Nadir-Polygon 13
1. Der eingehängte Polygonzug 13
2. Anwendung auf den Nadirzug 15
3. Fehlerbetrachtung 16
4. Vergleich von Polygon- und Rautenkette 18

V. Rautenketten mit Streckenmessung 20
1. Allgemeines 20
2. Aufstellung der Bedingungs- und Normalgleichungen 20
3. Allgemeine Lösung 23
4. Fehlerbetrachtung 25
5. Zahlenbeispiel 28

Literaturverzeichnis 41

Einleitung

Bekanntlich kann man mit Hilfe der Winkel, welche im Nadir aufeinanderfolgender, sich überdeckender Luftbilder gemessen werden, eine Triangulation aufbauen, sofern die Länge einer Seite in der so entstehenden Rautenkette bekannt ist. Es wurde auch schon mehrfach darauf hingewiesen, daß die Einschaltung weiterer Basislinien eine Genauigkeitssteigerung erwarten läßt.

Die konsequente Verfolgung dieses Gedankens führt notgedrungen auf eine Methode, welche dem Vermessungsfachmann bei der Verwendung von Polygonzügen geläufig ist. An eine terrestrische Längenmessung jeder Strecke ist aus praktischen Gründen natürlich gar nicht zu denken. Es besteht aber die Möglichkeit, jede zwischen zwei aufeinanderfolgenden Nadiren gelegene Strecke im Luftbild auszumessen — sogar doppelt, da ja sich überdeckende Aufnahmen vorliegen müssen. Freilich, um hieraus zu den für die Kartenprojektion notwendigen Längen zu gelangen, ist neben der Brennweite der Aufnahmekammer und der Flughöhe auch die Kenntnis der Neigungsverhältnisse sowie der Höhen im Gelände erforderlich.

Es ist von vornherein klar, daß an die Genauigkeit einer solchen Längenbestimmung keine großen Ansprüche gestellt werden dürfen. Im Hinblick auf die allgemeinen bei der Nadirtriangulation üblichen Genauigkeitsverhältnisse kann sie trotzdem eine wünschenswerte Verbesserung bedeuten, besonders wenn man an lange Ketten mit freiem Ende denkt.

Die Aufgabe der vorliegenden Abhandlung besteht nun darin, einmal die Genauigkeit einer solchen Streckenmessung zu untersuchen, welche naturgemäß davon abhängt, wie genau die erwähnten Daten bekannt sind bzw. ermittelt werden können. Ferner wird die Genauigkeit der mit Hilfe einer solchen Streckenmessung eingeschalteten Nadirpunkte untersucht, wobei wieder die beiden Möglichkeiten bestehen: Einmal der reine Polygonzug, bei welchem neben den gemessenen Strecken nur die Brechungswinkel bekannt zu sein brauchen; zweitens die vollständige Triangulation, wo neben den Längen der Strecken sämtliche zum Aufbau der Rautenkette erforderlichen Winkel bzw. Richtungen ausgemessen und die Seitenbedingungen berücksichtigt werden. Im letzten Fall wird auch auf die Ausgleichung der beobachteten Richtungen und Strecken näher eingegangen. Obwohl der erzielte Genauigkeitsgewinn dabei nicht unerheblich ist, wird wegen der immerhin beträchtlichen, wenn auch nicht schwierigen Rechenarbeit diese Kombination von Polygonzug und Rautenaufbau keine große praktische Bedeutung erlangen und ich habe sie eigentlich nur der Vollständigkeit halber behandelt. Die Durchführung der Fehlerberechnung (Kap. V, 4) dürfte auch den der Photogrammetrie ferner stehenden Geodäten interessieren.

Die Zeit- und Arbeitsersparnis bei der Aufnahme und Auswertung, welche die Luftphotogrammetrie vor der terrestrischen Triangulation auszeichnen und ihren Mangel an Genauigkeit entschuldigen, gestatten keine übermäßige Belastung durch Rechnungen und theoretische Überlegungen in jedem einzelnen praktischen Fall. Daher habe ich eine möglichste Schematisierung der unbedingt notwendigen Rechenarbeit angestrebt und die Genauigkeit nur so weit getrieben, wie sie in der ganzen Aufnahmemethode begründet liegt.

I. Die Maßstabsübertragung in Rautenketten

Man kann den Sinn und Zweck der Streckenmessung bei der Nadirtriangulation nur dann richtig würdigen, wenn man über die Genauigkeit der Maßstabsübertragung in Rautenketten orientiert ist. Darunter versteht man die Übertragung der Länge einer als bekannt vorausgesetzten Seite des Nadirzuges auf eine andere in der Kette gelegenen Seite mit Hilfe der in den Nadiren gemessenen Winkel bzw. Richtungen.

Wegen näherer Einzelheiten verweise ich auf meine frühere Arbeit [1] und gebe zur Demonstration der Verhältnisse hier nur einige Formeln an, welche sich dort im VI. Kapitel finden oder leicht daraus herleiten lassen. Sind sämtliche erforderlichen Richtungen je einmal mit dem mittleren Fehler μ ausgemessen und ist die erste Kettenseite $l_{0,1}$ bekannt, so erhält man als relativen mittleren Längenfehler der Schlußseite $l_{n,n+1}$ einer aus n-Rauten bestehenden Kette nach [1, Gl. (105)]

$$\frac{m(l_{n,n+1})}{l_{n,n+1}} = \pm 0{,}71\, \mu' \sqrt{n}\ ^0/_{00}. \tag{1a}$$

Der relative mittlere Fehler der Gesamtlänge $L_{0,n+1}$ dieser sogenannten freien Kette beträgt nach [1, Gl. (101), (102 f) und (103 a)]

$$\frac{m(L_{0,n+1})}{L_{0,n+1}} = \pm 0{,}29\, \mu' \sqrt{\frac{n(2n+1)}{n+1}}\ ^0/_{00}. \tag{1b}$$

Endlich betrachten wir noch eine an ihren Enden (N_0 und N_{2n+1}) fest eingehängte Kette aus $2\,n$-Rauten und den relativen Fehler ihrer mittelsten Seite

$$\frac{m(l_{n,n+1})}{l_{n,n+1}} = \pm 0{,}41\, \mu' \sqrt{\frac{n(n+1)}{2n+1}}\ ^0/_{00}. \tag{1c}$$

Von den Fehlern der Festpunkte bzw. der Ausgangsbasis selbst wurde der Einfachheit halber überall abgesehen.

Wir fragen nun, bei welcher Kettenlänge wird ein Fehler von $1\,^0/_{00}$, $2\,^0/_{00}$, $5\,^0/_{00}$, $10\,^0/_{00}$ ... erreicht und finden in den angegebenen Fällen:

Bei einem mittleren Beobachtungsfehler von $\mu = \pm 4'$ wird für die	Schlußseite in der freien Kette	Gesamtlänge in der freien Kette	Mittelseite der eingehängten Kette
der relative Fehler			
$1\,^0/_{00}$ erreicht bei $n =$	1	1	1 (2 Rauten)
$2\,^0/_{00}$ „ „ $n =$	1	2	3 (6 „)
$5\,^0/_{00}$ „ „ $n =$	4	10	19 (38 „)
$10\,^0/_{00}$ „ „ $n =$	13	38	74 (148 „)

Diesen Zahlen ist zweierlei zu entnehmen:

Eine Basismessung von der üblichen geodätischen Genauigkeit wäre bei der Nadirtriangulation sinn- und zwecklos, da diese hohe Genauigkeit schon bei der Übertragung auf die nächste Rautenseite illusorisch wird. Andererseits kann eine Längenbestimmung mit nur $5\,^0/_{00}$ relativer Genauigkeit schon eine wesentliche Verbesserung der Nadirtriangulation mit sich bringen, jedenfalls bei sogenannten freien Ketten. Es ist von vornherein klar, daß bei der eingehängten Kette die Maßstabsverhältnisse weit günstiger liegen und dort eine zusätzliche Basismessung keine so große Rolle spielt.

II. Die Genauigkeit der Streckenmessung

1. Grundlegende Bemerkungen

Es sollen zunächst einige Beziehungen aufgestellt werden, auf welche man immer zurückgreifen muß, wenn man es mit geneigten Ebenen zu tun hat. Zu diesem Zweck betrachten wir Abb. 1.

Darin sei g die Schnittgerade zwischen der Horizontalebene A_0B_0C und der Bildebene ABC, deren Neigungswinkel ν in der zu g senkrechten Ebene AA_0C erscheint. Wir legen eine zweite Lotebene durch C — sie schließe mit der ersten den Winkel φ_0 ein — und fragen nach dem Winkel φ, welcher von diesen beiden Lotebenen aus der Bildebene geschnitten wird und außerdem nach der Neigung ν_φ der Bildgeraden BC. Legt man noch eine dritte Lotebene AA_0B_0B parallel g und macht hierbei $AC = 1$, so liest man aus der Figur leicht die übrigen Strecken ab:

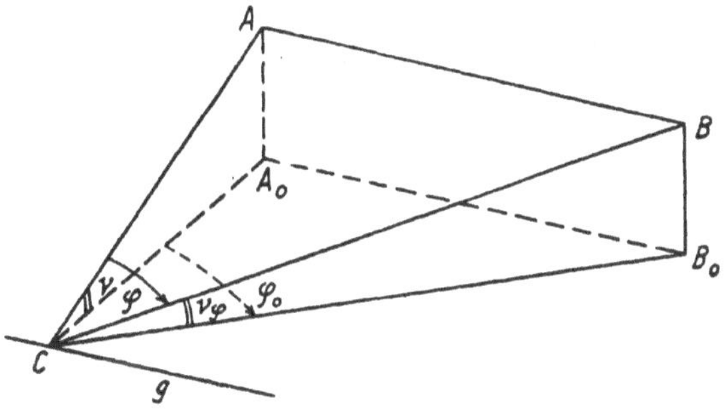

Abb. 1

$$A_0C = \cos\nu, \quad BC = \frac{1}{\cos\varphi}, \quad AA_0 = BB_0 = \sin\nu, \quad AB = A_0B_0 = \operatorname{tg}\varphi$$

und wegen $\operatorname{tg}\varphi_0 = \frac{A_0B_0}{A_0C}$ und $\sin\nu_\varphi = \frac{BB_0}{BC}$ ergibt sich unmittelbar

$$\operatorname{tg}\varphi = \operatorname{tg}\varphi_0 \cos\nu, \tag{2}$$

$$\sin\nu_\varphi = \sin\nu\cos\varphi. \tag{3a}$$

Man kann annehmen, daß der Neigungswinkel bei den für die Nadirtriangulation bestimmten Aufnahmen niemals 6° übersteigt und daher setzen wir als Grundlage für Abschätzungen oder Vernachlässigungen bei allen späteren Rechnungen $\nu^0 \leq 6^0$ fest oder, was im Bogenmaß ausgedrückt damit etwa gleichbedeutend ist $\nu = \frac{\nu'}{\varrho'} = \frac{\nu^c}{\varrho^c} \leq 0{,}1$ $(\varrho' = 3438',\ \varrho^c = 6366^c)$. Sehen wir diese Größe als klein von der ersten Ordnung an, so können wir alle kleinen Größen IV. Ordnung gegenüber 1 vernachlässigen, da es nach den im Kapitel I gewonnenen Ergebnissen — unbeschadet der erst noch festzustellenden Genauigkeit der Streckenmessung selbst — doch keinen Sinn hat, die Rechengenauigkeit hier über 1‰ hinaus zu steigern.

Im Hinblick darauf können wir an Stelle von (3a) einfacher

$$\nu_\varphi = \nu\cos\varphi \tag{3b}$$

schreiben; denn durch Reihenentwicklung für den arcsin bzw. sin findet man aus (3a)

$$\nu_\varphi = \arcsin(\sin\nu\cos\varphi) = \sin\nu\cos\varphi + \frac{1}{6}(\sin\nu\cos\varphi)^3 + \frac{3}{40}(\sin\nu\cos\varphi)^5 + \dots$$

$$= \cos\varphi\left(\nu - \frac{\nu^3}{6} + \frac{\nu^5}{120}\dots\right) + \frac{1}{6}\cos^3\varphi\left(\nu^3 - \frac{\nu^5}{2}\dots\right) + \frac{3}{40}\cos^5\varphi\,(\nu^5\dots)$$

$$= \nu\cos\varphi\left[1 - \frac{\nu^2}{6}\sin^2\varphi + \frac{\nu^4}{120}\sin^2\varphi\,(1 - 9\cos^2\varphi)\dots\right]$$

und der bei der Näherung (3b) begangene Fehler ist also

$$\frac{\nu^3}{6}\cos\varphi\sin^2\varphi\left[1 - \frac{\nu^2}{20}(1 - 9\cos^2\varphi)\dots\right] \approx \frac{\nu^3}{12}\sin\varphi\sin 2\varphi < \frac{\nu^3}{12}; \text{ d. i.} < 1‰ \text{ von } \nu.$$

Wegen (3b) gilt für die Neigungskomponenten ν_s und ν_q oder ξ und η in zueinander senkrechten Richtungen mit gleicher Genauigkeit

$$\nu_s^2 + \nu_q^2 = \xi^2 + \eta^2 = \nu^2. \tag{3c}$$

Wir wollen für spätere Zwecke noch eine Beziehung zwischen einem beliebigen Winkel α, dessen Scheitel im Nadirpunkt der Bildebene liegt, und seiner Horizontalprojektion α_0 ableiten und stellen ihn zu diesem Zweck als Differenz zweier von der Normalebene aus gezählten Richtungen dar: $\alpha = \varphi_2 - \varphi_1$ bzw. $\alpha_0 = \varphi_{20} - \varphi_{10}$. Nun ist gemäß Abb. 1 und (3b)

$$\sin \varphi_0 = \frac{A_0 B_0}{BC \cos \nu_\varphi} = \frac{\operatorname{tg} \varphi \cos \varphi}{1 - \frac{1}{2} \nu_\varphi^2 \ldots} = \sin \varphi \left(1 + \frac{1}{2} \nu^2 \cos^2 \varphi \ldots\right)$$

$$\cos \varphi_0 = \frac{C A_0}{BC \cos \nu_\varphi} = \frac{\cos \nu \cos \varphi}{1 - \frac{1}{2} \nu_\varphi^2 \ldots} = \cos \varphi \left(1 - \frac{\nu^2}{2} \ldots\right) \left(1 + \frac{\nu^2}{2} \cos^2 \varphi \ldots\right) = \cos \varphi \left(1 - \frac{\nu^2}{2} \sin^2 \varphi \ldots\right)$$

und daher

$$\cos(\varphi_{20} - \varphi_{10}) = \cos \varphi_{20} \cos \varphi_{10} + \sin \varphi_{20} \sin \varphi_{10}$$

$$= \cos \varphi_2 \cos \varphi_1 \left(1 - \frac{\nu^2}{2} \sin^2 \varphi_2 - \frac{\nu^2}{2} \sin^2 \varphi_1 \ldots\right) + \sin \varphi_2 \sin \varphi_1 \left(1 + \frac{\nu^2}{2} \cos^2 \varphi_2 + \frac{\nu^2}{2} \cos^2 \varphi_1 \ldots\right)$$

$$= \cos(\varphi_2 - \varphi_1) + \frac{\nu^2}{2} (\sin \varphi_1 \cos \varphi_1 - \sin \varphi_2 \cos \varphi_2) \sin(\varphi_2 - \varphi_1) + \ldots$$

$$= \cos(\varphi_2 - \varphi_1) - \frac{\nu^2}{2} \sin^2(\varphi_2 - \varphi_1) \cos(\varphi_2 + \varphi_1) - \ldots$$

oder

$$\cos \alpha_0 = \cos \alpha - \frac{\nu^2}{2} \sin^2 \alpha \cos(\varphi_1 + \varphi_2) + \ldots \tag{4}$$

2. Einfache Streckenmessung

Um eine Beziehung zwischen den im Luftbild ausgemessenen Abstand zweier aufeinanderfolgender Punkte der Nadirkette und der auf Meereshöhe reduzierten Entfernung der entsprechenden Geländepunkte zu gewinnen, betrachten wir Abb. 2.

Wir nehmen hier an, daß der Anfangspunkt n der Strecke $np = s$ genau im Nadirbild liegt, während ihr Endpunkt p einem beliebigen Geländepunkt P von der Meereshöhe H_P entsprechen möge. Es ist also die Zeichenebene gleichzeitig Lotebene, gegen welche die Achse der Aufnahmekammer um den kleinen Winkel ν_q geneigt ist, so daß $o'A = \frac{f}{\cos \nu_q}$, während Winkel $o'An = \nu_s$ der Neigung der Bildgeraden np gleich ist. f bezeichnet dabei, wie üblich, die Brennweite der Aufnahmekammer und o' stellt die Projektion des Hauptpunktes o der Bildebene auf diese Gerade dar.

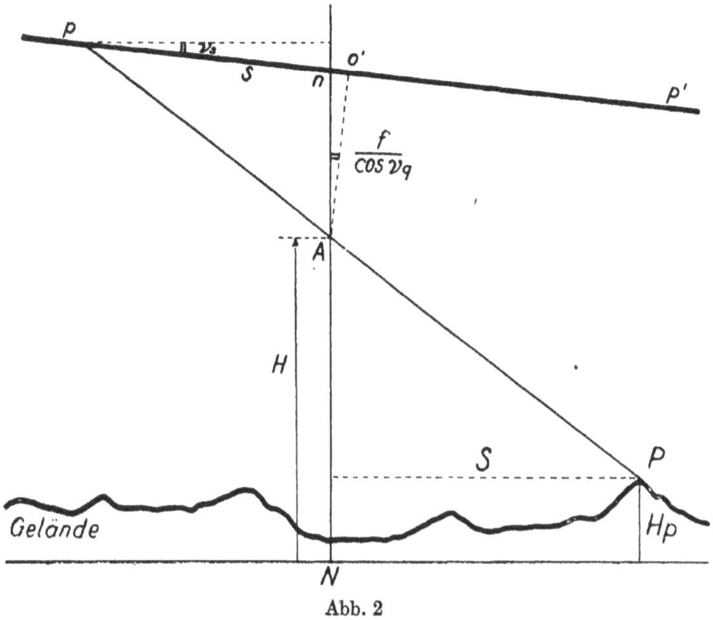

Abb. 2

Liegt P von N aus gesehen in Flugrichtung, ist beispielsweise p das Bild des Nadirs der folgenden Aufnahme, so entspricht ν_s der Längsneigung ξ und ν_q der Querneigung η. Wegen der geringen Bildneigung ν in der Nadirtriangulation können ν_s und ν_q bzw. ξ und η als Projektionen von ν aufgefaßt werden — vgl. (3 b). Eine solche Komponentendarstellung kommt aber auch der praktischen

Messung der Aufnahmeneigung in zwei zueinander senkrechten Richtungen entgegen, z. B. bei Verwendung von Horizontbildern [2].

Führt man noch die Flughöhe H ein, so liest man aus ähnlichen Dreiecken in Abb. 2 unmittelbar die Beziehung ab:

$$S : (H - Hp) = s \cos \nu_s : \left(\frac{f}{\cos \nu_s \cos \nu_q} + s \sin \nu_s\right),$$

worin ν_s, also auch $\sin \nu_s$ mit dem positiven oder negativen Vorzeichen zu nehmen ist, je nachdem o' außerhalb (wie bei der Strecke np in Abb. 2) oder innerhalb (wie bei np') der Meßstrecke zu liegen kommt. Man gewinnt daraus leicht die grundlegende Übertragungsformel

$$S = \frac{s(H - H_p) \cos^2 \nu_s \cos \nu_q}{f + s \sin \nu_s \cos \nu_s \cos \nu_q} = \frac{\omega C (H - H_p)}{1 + \omega b}, \tag{5}$$

wobei in der letzten Darstellung mit Benutzung von (3c) die Abkürzungen

$$\omega = \frac{s}{f}; \quad \begin{aligned} C &= \cos^2 \nu_s \cos \nu_q = 1 - \nu_s^2 - \frac{1}{2} \nu_q^2 = 1 - \frac{1}{2} (\nu^2 + \nu_s^2) \\ b &= \sin \nu_s \cos \nu_s \cos \nu_q = C \operatorname{tg} \nu_s = \nu_s \left(1 - \frac{2}{3} \nu_s^2 - \frac{1}{2} \nu_q^2 \ldots\right) = \nu_s \left[1 - \frac{1}{2}\left(\nu^2 + \frac{1}{3} \nu_s^2\right)\right] \end{aligned} \tag{6}$$

unter Vernachlässigung der Glieder ab IV. Ordnung eingeführt sind. ω stellt bei voller Ausnutzung des Bildformats ein Maß für den Öffnungswinkel der Aufnahmekammer vor. Entwickelt man den ganzen Ausdruck (5) in eine Reihe

$$S = \omega C (H - Hp) (1 - \omega b + \omega^2 b^2 - \omega^3 b^3 + - \ldots),$$

so erhält man mit Hilfe von (6)

$$S = \omega (H - Hp) \left[1 - \omega \nu_s - (1 - \omega^2) \nu_s^2 - \frac{1}{2} \nu_q^2 + \omega \left(\frac{5}{3} - \omega^2\right) \nu_s^3 + \omega \nu_s \nu_q^2 + \ldots\right]. \tag{7}$$

Ich bemerke hierzu noch, daß die Meßlänge s durch das Bildformat beschränkt und im allgemeinen kleiner als die Brennweite $\left(\omega = \frac{s}{f} < 1\right)$ ist. Wie schon in II, 1 erwähnt, sind außerdem $\nu_s, \nu_q \lesseqgtr 0{,}1$, so daß die obigen Entwicklungen gerechtfertigt und gut konvergent sind.

Um den Einfluß irgendwelcher kleiner Änderungen der in (7) auftretenden Parameter $\omega(f, s)$, H, Hp, ν_s, ν_q zu übersehen, braucht man in (7) nur die partiellen Ableitungen nach diesen Variabeln zu bilden. Wir berücksichtigen dabei jeweils nur das größte Glied und bekommen so näherungsweise für die (totale) Änderung der Streckenlänge S

$$dS = \omega\, dH - \omega\, dHp + \frac{H - Hp}{f}\, ds - \frac{H - Hp}{f}\, \omega\, df - (H - Hp)\, \omega^2 d\nu_s - (H - Hp)\, \omega \nu_q d\nu_q \ldots \tag{8}$$

Bezeichnen m_f, m_s, m_H, m_{Hp}, μ_s, μ_q die mittleren Fehler, mit welchen die einzelnen Parameter gemessen wurden, so ergibt sich aus (8) nach dem Fehlerfortpflanzungsgesetz

$$\begin{aligned} m_S^2 = \omega^2 m_H^2 + \omega^2 m_{Hp}^2 + \left(\frac{H - Hp}{f}\right)^2 \omega^2 m_f^2 + \left(\frac{H - Hp}{f}\right)^2 m_s^2 + (H - Hp)^2 \omega^4 \mu_s^2 \\ + (H - Hp)^2 \omega^2 \nu_q^2 \mu_q^2. \end{aligned} \tag{9}$$

Da man mit Zahlenangaben gleich ein besseres Bild gewinnt, lege ich für eine erste Übersicht die folgenden runden Werte zugrunde, wie sie in der Praxis vorkommen mögen [2]:

$$\begin{aligned} s &= 80 \pm 0.05 \text{ mm}, & H &= 3000 \pm 5 \text{ m}, & \nu_s &= 3^0 \pm 7' = 0.0523 \pm 0.00204, \\ f &= 120 \pm 0.05 \text{ mm}, & Hp &= 600 \pm m_{Hp}, & \nu_q &= 6^0 \pm 10' = 0.1047 \pm 0.00290. \end{aligned}$$

Damit erhält man nach (9)

$$m_s^2 \,[\text{in } m] = \underset{H}{11{,}1} + \underset{Hp}{0{,}45\, m_{Hp}^2} + \underset{f}{0{,}45} + \underset{s}{1{,}00} + \underset{\nu_s}{4{,}80} + \underset{\nu_q}{0{,}22} = 17{,}6 + 0{,}45\, m_{Hp}^2.$$

Wenn auch die einzelnen Anteile, je nach den angenommenen Zahlenwerten etwas schwanken mögen, so besteht doch kein Zweifel darüber, daß durch die Unsicherheit der Höhe Hp, sofern darüber keinerlei Messungen vorliegen, der Fehler der Meßstrecke gewaltig anwachsen kann. Die Genauigkeit der Flughöhe und der Längsneigung treten demgegenüber zurück, während der Meßfehler m_s und der Brennweitenfehler m_f kaum eine Rolle spielen und die Querneigung, wie schon nach (8) zu vermuten war, überhaupt belanglos bleibt.

Mit obigen Annahmen ergibt sich nach (5) eine Meßlänge von rund $S \approx 1600$ m; der oben errechnete Wert m_S entspricht also einem Fehler von mindestens ¼% der Länge und erreicht bei $m_{Hp} = 10$ m schon ½%.

3. Doppelte Streckenmessung

Wegen der sich überdeckenden Bildreihen kann jede Seite s des Nadirzugs aus zwei aufeinanderfolgenden Aufnahmen entnommen werden. Diese sind zwar mit der nämlichen Brennweite hergestellt, im übrigen aber völlig unabhängig voneinander, so daß der zu erwartende mittlere Fehler der gesuchten Strecke S etwa dem $\frac{1}{\sqrt{2}}$-fachen Betrag des im vorigen Abschnitt errechneten Wertes m_S gleichgesetzt werden kann, wie es eben dem arithmetischen Mittel zweier solcher Auswertungen zukommt.

Wir wollen indessen die Verhältnisse noch von einer etwas anderen Seite beleuchten und dabei vor allem auch der Möglichkeit von Differenzmessungen gerecht werden. Bekanntlich lassen sich ja mit dem Statoskop die Höhenunterschiede aufeinanderfolgender Aufnahmen auf ± 2 m festlegen und aus Horizontaufnahmen kann man Neigungsunterschiede ebenfalls genauer ermitteln als die Einzelneigungen, da sie von der Unsicherheit des Horizontbildes nicht berührt werden.

Die für beide Aufnahmen im allgemeinen verschiedenen Ausgangsdaten bezeichnen wir mit s', H', Hp, ξ', η' bzw. s'', H'', H_Q, ξ'', η'', und der Einfachheit halber nehmen wir an, daß der Anfangspunkt P der zu bestimmenden Strecke genau in die Nadirrichtung der ersten Aufnahme fällt, ihr Endpunkt Q genau in das Lot der zweiten. Als endgültige Länge der gesuchten Strecke PQ nehmen wir das Mittel der beiden Ergebnisse S' und S'', zu deren Berechnung Formel (5) benutzt wird. Dabei ist wegen der in II, 2 gegebenen Definition der Längsneigung ξ zu berücksichtigen, daß bei Auswertung der ersten Aufnahme $\nu_s = \xi'$ zu nehmen ist, daß aber in der zweiten Aufnahme das vom Nadir ausgehende Bild der Meßstrecke entgegengesetzt wie in der ersten verläuft und dort $\nu_s = -\xi''$ gesetzt werden muß. Es ist daher

$$S = \frac{1}{2}(S' + S''), \tag{10a}$$

mit

$$S' = \frac{s'(H' - H_Q)\cos^2\xi' \cos\eta'}{f + s' \sin\xi' \cos\xi' \cos\eta'}, \quad S'' = \frac{s''(H'' - H_P)\cos^2\xi'' \cos\eta''}{f - s'' \sin\xi'' \cos\xi'' \cos\eta''}. \tag{10b}$$

Unsere oben geäußerten Absichten verfolgend führen wir zum Zwecke der Fehleruntersuchung an Stelle der Ausgangsdaten für jedes Aufnahmepaar deren arithmetische Mittel sowie halbe Differenzen, d. h. die Abweichungen vom Mittel als neue Parameter ein:

$$\left.\begin{aligned} H &= \frac{1}{2}(H' + H'') \\ h &= \frac{1}{2}(Hp + H_Q) \\ s &= \frac{1}{2}(s' + s'') \\ \xi &= \frac{1}{2}(\xi' + \xi'') \\ \eta &= \frac{1}{2}(\eta' + \eta'') \end{aligned}\right\} \text{(11a)} \qquad \left.\begin{aligned} D &= \frac{1}{2}(H' - H'') \\ d &= \frac{1}{2}(Hp - H_Q) \\ \mathfrak{s} &= \frac{1}{2}(s' - s'') \\ \mathfrak{x} &= \frac{1}{2}(\xi' - \xi'') \\ \mathfrak{y} &= \frac{1}{2}(\eta' - \eta'') \end{aligned}\right\} \text{(11b)}$$

womit sich die Einzelwerte wie folgt ausdrücken lassen:

$$\begin{aligned} H' &= H + D, & Hp &= h + d, & s' &= s + \mathfrak{s}, & \xi' &= \xi + \mathfrak{x}, & \eta' &= \eta + \mathfrak{y}, \\ H'' &= H - D, & H_Q &= h - d, & s'' &= s - \mathfrak{s}, & \xi'' &= \xi - \mathfrak{x}, & \eta'' &= \eta - \mathfrak{y}. \end{aligned} \tag{12}$$

Diese Größen substituieren wir in (10b), entwickeln aber wieder in Reihen von der Art (7) und lassen dabei alle Glieder ab III. Ordnung fort. Auf diese Weise erhält man

$$S' = \frac{s+\mathfrak{s}}{f}(H+D-h+d)\left[1-\frac{s+\mathfrak{s}}{f}(\xi+\mathfrak{x})+\frac{(s+\mathfrak{s})^2-f^2}{f^2}(\xi+\mathfrak{x})^2-\frac{1}{2}(\eta+\mathfrak{y})^2\,..\right],$$

$$S'' = \frac{s-\mathfrak{s}}{f}(H-D-h-d)\left[1+\frac{s-\mathfrak{s}}{f}(\xi-\mathfrak{x})+\frac{(s-\mathfrak{s})^2-f^2}{f^2}(\xi-\mathfrak{x})^2-\frac{1}{2}(\eta-\mathfrak{y})^2\,..\right].$$

Setzt man zur Abkürzung noch die mittlere Flughöhe $\mathfrak{h}$ über Grund

$$\mathfrak{h} = H-h \quad \text{und} \quad \mathfrak{D} = D+d, \tag{13}$$

so ergibt sich nach (10a)

$$S = \frac{s\mathfrak{h}+\mathfrak{s}\mathfrak{D}}{f}\left[1-\frac{s\mathfrak{x}+\mathfrak{s}\xi}{f}+\frac{(s^2+\mathfrak{s}^2-f^2)(\xi^2+\mathfrak{x}^2)+4s\mathfrak{s}\xi\mathfrak{x}}{f^2}-\frac{1}{2}(\eta^2+\mathfrak{y}^2)\,..\right]$$
$$-\frac{s\mathfrak{D}+\mathfrak{s}\mathfrak{h}}{f}\left[\frac{s\xi+\mathfrak{s}\mathfrak{x}}{f}-2\,\frac{s\mathfrak{s}(\xi^2+\mathfrak{x}^2)+(s^2+\mathfrak{s}^2-f^2)\xi\mathfrak{x}}{f^2}+\eta\mathfrak{y}\,..\right].$$

Bevor wir diesen Ausdruck weiter umformen, geben wir uns über die Größenverhältnisse der in (11) und (13) eingeführten Parameter Rechenschaft. Nach unseren allgemeinen Voraussetzungen (II, 1) werden $\mathfrak{x}, \mathfrak{y}$ ebenso wie ξ, η absolut unterhalb 0,1 bleiben. Da sich die beiden Ausmessungen s', s'' bei normaler Bildgröße ($s \approx 8$ cm) kaum um 1,6 cm unterscheiden können, ist auch $\frac{\mathfrak{s}}{s} \leqq 0{,}1$. Läßt man für die Endpunkte P und Q der Meßstrecke einen Höhenunterschied von maximal 400 m zu ($d = 200$ m), so wird bei einer Flughöhe über P, Q von mindestens $\mathfrak{h} = 2000$ m auch $\frac{\mathfrak{D}}{\mathfrak{h}} \leqq 0.1$ bleiben. Es ist daher angebracht, daß wir obigen Ausdruck S nach den eben erwähnten kleinen Größen $\left(\xi, \mathfrak{x}, \eta, \mathfrak{y}, \frac{\mathfrak{s}}{s}, \frac{\mathfrak{D}}{\mathfrak{h}}\right)$ entwickeln. Beschränken wir uns dabei auf die Glieder bis zur II. Ordnung und setzen abkürzend wieder $\omega = \frac{s}{f}$, so erhält man schließlich

$$S = \omega\mathfrak{h}\left[1-\omega\mathfrak{x}+\frac{\mathfrak{s}\mathfrak{D}}{s\mathfrak{h}}-\omega\left(2\,\frac{\mathfrak{s}}{s}+\frac{\mathfrak{D}}{\mathfrak{h}}\right)\xi-(1-\omega^2)(\xi^2+\mathfrak{x}^2)-\frac{1}{2}(\eta^2+\mathfrak{y}^2)\ldots\right] \tag{14}$$

Wir haben schon in II, 2 erkannt, daß die Genauigkeit, mit welcher s (ebenso $\mathfrak{s}$) und f bestimmt werden können, keine Probleme aufgibt und betrachten daher hier nur den Einfluß der übrigen Parameter. Zu diesem Zweck bilden wir aus (14) die folgenden partiellen Ableitungen:

$$\frac{\partial S}{\partial \xi} = -\omega\mathfrak{h}\left[2\omega\,\frac{\mathfrak{s}}{s}+\omega\,\frac{\mathfrak{D}}{\mathfrak{h}}+2(1-\omega^2)\xi\right], \qquad \frac{\partial S}{\partial \mathfrak{x}} = -\omega\mathfrak{h}\left[\omega+2(1-\omega^2)\xi\right] \approx -\omega^2\mathfrak{h},$$
$$\frac{\partial S}{\partial \eta} = -\omega\mathfrak{h}\eta, \qquad \frac{\partial S}{\partial \mathfrak{y}} = -\omega\mathfrak{h}\mathfrak{y}, \tag{15}$$
$$\frac{\partial S}{\partial \mathfrak{h}} = \omega(1-\omega\mathfrak{x}\ldots) \approx \omega, \qquad \frac{\partial S}{\partial \mathfrak{D}} = \omega\left(\frac{\mathfrak{s}}{s}-\omega\xi\right).$$

Die Wirkung von Querneigungsfehlern ist, wie schon in II, 2 festgestellt wurde, bedeutungslos, es ist dabei auch offensichtlich gleichgültig, ob die Einzelbeträge η' und η'' oder deren Differenz $2\mathfrak{y}$ gemessen werden. Anders verhält es sich mit den Längsneigungsfehlern. Da nämlich $\left|\frac{\partial S}{\partial \xi}\right| \lesssim 0{,}1\,\omega\mathfrak{h}\,[3\omega+2(1-\omega^2)]$ also $< \frac{\partial S}{\partial \mathfrak{x}}$ ist, hängt S überraschenderweise von dem Wert der Längsneigung (ξ) in weit geringerem Maße ab als von der Differenz ($2\mathfrak{x}$) der Neigungen in zwei aufeinanderfolgenden Aufnahmen. Dies ist im Hinblick auf die Tatsache, daß aus Horizontaufnahmen Neigungsdifferenzen genauer ermittelt werden können als absolute Neigungsbeträge, günstig und bemerkenswert.

Wie schon früher bemerkt wurde, muß damit gerechnet werden, daß über die Höhen H_P, H_Q der Erdpunkte nichts bekannt und folglich die Unsicherheit sowohl ihres Mittelwertes h als auch ihrer Differenz $2d$ erheblich ist. Wegen (13) erreichen daher auch die mittleren Fehler $m_{\mathfrak{h}} = \sqrt{m_H^2 + m_h^2}$

und $m_{\mathfrak{D}} = \sqrt{m_D^2 + m_d^2}$ ziemliche Beträge. Der Einfluß von $m_{\mathfrak{D}}$ wird zwar dadurch gemildert, daß $\left|\frac{\partial S}{\partial \mathfrak{D}}\right| \leq 0{,}1\,\omega\,(1-\omega)$, also um eine Größenordnung kleiner ist als $\left|\frac{\partial S}{\partial \mathfrak{H}}\right|$, d. h. Höhenunterschiede im Gelände erweisen sich bei weitem nicht als so nachteilig, wie sich die Unkenntnis absoluter Geländehöhen auswirkt. Dieses ist von vornherein auch verständlich, da ja die Flughöhe $\mathfrak{H}$ über Grund letzten Endes den Kartenmaßstab bestimmt. Bedenkt man, daß eine Unsicherheit von $\pm$ 5 m in der Flughöhe $H\left(m_H = \pm\frac{5}{\sqrt{2}}\right)$ allein schon einen Fehler von $\frac{\partial S}{\partial \mathfrak{H}}\, m_H = \omega m_H = 0{,}67\,\frac{5}{\sqrt{2}} = \pm\, 2{,}34$ m oder etwa $1\frac{1}{2}\,^0/_{00}$ der Strecke S verursacht, wenn man wieder die Werte des in II, 2 gegebenen Zahlenbeispiels zugrunde legt, und daß $m_{\mathfrak{H}}$ bei $m_h \gg m_H$ einen weit größeren Betrag verursachen kann entsprechend $m_{\mathfrak{H}} = m_H \sqrt{1 + \left(\frac{m_h}{m_H}\right)^2}$, so wird ohne weiteres klar, daß die Brauchbarkeit der Aeropolygonierung mit dem Wissen über die absoluten Geländehöhen steht und fällt. Da, wie bereits erwähnt wurde, Höhenunterschiede innerhalb gewisser Grenzen nicht von solch entscheidender Bedeutung sind, könnte eine einzige bekannte terrestrische Höhe oder auch die Einhängung der Kette in mindestens zwei der Lage nach bekannte Punkte den Maßstab retten. Außerdem hat man immer die Möglichkeit, sich anläßlich einer ersten Verarbeitung des Bildstreifens im Stereoplanigraphen oder einem ähnlichen Gerät vorläufige Höhen der Punkte in der Nadirkette zu verschaffen.

Zusammenfassend stellen wir fest, daß bei dem heutigen Stand der Meßtechnik eine Genauigkeit der Maßstabsbestimmung aus Luftaufnahmen von etwa $2\,^0/_{00}$—$5\,^0/_{00}$ auf jeden Fall erreicht werden kann. Eine solche Streckenmessung trägt von vornherein den Charakter eines Notbehelfs.

III. Die praktische Durchführung der Streckenmessung

1. Übertragungsformeln im allgemeinen Fall

Die Ausmessung eines Punktes auf zwei verschiedenen Bildern setzt voraus, daß er sich dort eindeutig erkennen läßt. Da man vom Nadir eine solche markante Eigenschaft nicht von vornherein erwarten kann, ist man meistens genötigt, zur Ausmessung besser geeignete Punkte in seiner Nachbarschaft heranzuziehen. Infolge dieses Umstandes sind unsere bisherigen Übertragungsformeln entsprechend zu modifizieren, doch werden die Ergebnisse der Fehleruntersuchung kaum davon berührt. Die Exzentrizitäten der benutzten Hilfspunkte vom eigentlichen Nadir treten zwar als neue Größen auf, können aber mit genügender Schärfe bestimmt werden und bedeuten daher kein Hindernis für die ganze Methode.

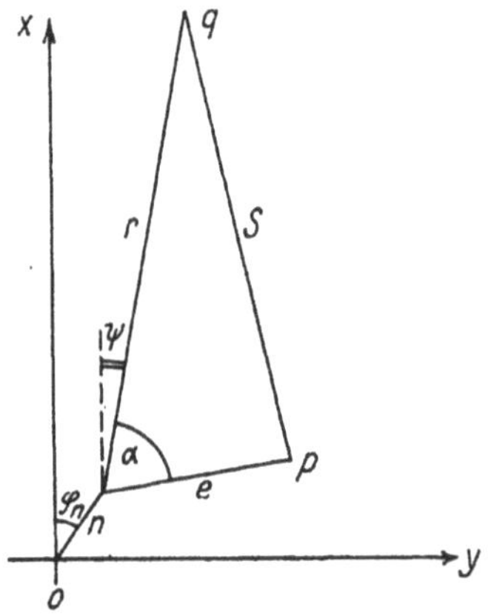

Abb. 3

In Abb. 3 bezeichne $\overline{pq} = s$ die ausgemessene Strecke; der eine Endpunkt p sei in der Nähe des Nadirs n ausgewählt und die Exzentrizität $\overline{np} = e$ irgendwie ermittelt. Der Hauptpunkt o der Aufnahme diene als Koordinatenursprung und die x- bzw. y-Achse seien durch Rahmenmarken festgelegt.

Da unsere früher abgeleiteten Übertragungsformeln nur für solche Strecken gelten, welche vom Nadir ausgehen, wählen wir zur Bestimmung der Horizontalprojektion $PQ = S$ den Umweg über die Seiten r und e bzw. die übertragenen Werte R und E. Die dazu erforderlichen Größen C_r, b_r und C_e, b_e können gemäß (6) mittels der Neigung ν und ihren Komponenten ν_r und ν_e in der Richtung von r bzw. e berechnet werden.

Wir bestimmen zunächst an Hand von Abb. 3

$$r = e\cos\alpha + \sqrt{s^2 - e^2\sin^2\alpha} = e\cos\alpha + s\left[1 - \frac{1}{2}\left(\frac{e}{s}\right)^2 \sin^2\alpha + \ldots\right];$$

also ist mit $\frac{e}{s} = \varepsilon$
$$\frac{r}{s} = 1 + \varepsilon\cos\alpha - \frac{1}{2}\,\varepsilon^2\sin^2\alpha\ldots, \tag{16}$$

und mit Benutzung der Abkürzungen (vgl. II, 3)

$$h = \frac{H_P + H_Q}{2}, \qquad d = \frac{H_P - H_Q}{2}, \qquad \mathfrak{h} = H - h, \qquad \delta = \frac{d}{\mathfrak{h}}, \tag{17a}$$

folglich
$$H_P = h + d, \qquad H_Q = h - d, \tag{17b}$$

ferner
$$\beta_e = b_e \frac{s}{f}, \qquad \beta_r = b_r \frac{s}{f}, \qquad \text{also } b_r \frac{r}{f} = \frac{r}{s} \beta_r \tag{17c}$$

ergibt sich gemäß der Übertragungsformel (5)

$$R = \frac{C_r r (H - H_Q)}{f + b_r r} = \frac{C_r s}{f} \cdot \frac{r}{s} \mathfrak{h} (1 + \delta) \left[1 - \frac{r}{s} \beta_r + \left(\frac{r}{s} \beta_r\right)^2 - \left(\frac{r}{s} \beta_r\right)^3 + \ldots\right].$$

Wir berechnen aus (16) die Potenzen

$$\left(\frac{r}{s}\right)^2 = 1 + 2\varepsilon \cos\alpha + \varepsilon^2 (\cos^2\alpha - \sin^2\alpha) \ldots; \quad \left(\frac{r}{s}\right)^3 = 1 + 3\varepsilon \cos\alpha \ldots; \quad \left(\frac{r}{s}\right)^4 = 1 + \ldots$$

und ordnen in R die Glieder nach ihrer Größe, berücksichtigend, daß β, δ, ε von I. Ordnung klein sind:

$$\begin{aligned} R = \frac{C_r \mathfrak{h} s}{f} \Big\{ & 1 + [\varepsilon \cos\alpha - \beta_r + \delta] + \left[\varepsilon\delta \cos\alpha - \beta_r \delta - \frac{1}{2} \varepsilon^2 \sin^2\alpha - 2\varepsilon\beta_r \cos\alpha + \beta_r^2\right] \\ & + \left[\beta_r^2 \delta - 2\varepsilon\beta_r \delta \cos\alpha - \frac{1}{2} \varepsilon^2 \delta \sin^2\alpha + \varepsilon^2 \beta_r (\sin^2\alpha - \cos^2\alpha) + 3\varepsilon\beta_r^2 \cos\alpha - \beta_r^3\right] + \ldots \Big\}. \end{aligned} \tag{18}$$

Die Seiten R und E der Horizontalprojektion des Geländedreiecks NPQ schließen den Winkel α_0 ein, wobei zwischen α_0 und α in Abb. 3 die Beziehung (4) gilt. Für die dritte Seite S folgt dann nach dem cos-Satz

$$S = \sqrt{R^2 - 2RE \cos\alpha_0 + E^2} = R \left\{1 - \frac{E}{R} \cos\alpha_0 + \frac{1}{2} \left(\frac{E}{R}\right)^2 \sin^2\alpha_0 + \frac{1}{2} \left(\frac{E}{R}\right)^3 \cos\alpha_0 \sin^2\alpha_0 \ldots\right\}.$$

Wir berechnen zunächst nach den Übertragungsformeln (5) mit Berücksichtigung von (16) und (17 a, b, c)

$$\frac{E}{R} = \frac{C_e}{C_r} \frac{e}{r} \frac{H - H_P}{H - H_Q} \frac{f + b_r r}{f + b_e e} = c\varepsilon \frac{s}{r} \frac{1 - \delta}{1 + \delta} \frac{1 + \beta_r \frac{r}{s}}{1 + \beta_e \varepsilon}, \qquad \text{mit } \frac{C_e}{C_r} = c,$$

entnehmen hierzu aus (16) $\frac{r}{s}$, sowie $\frac{s}{r} = 1 - \varepsilon \cos\alpha + \frac{1}{2} \varepsilon^2 (1 + \cos^2\alpha) - \ldots$, so daß

$$\frac{E}{R} = c\varepsilon \left\{1 + [\beta_r - \varepsilon \cos\alpha - 2\delta] + \left[\frac{1}{2} \varepsilon^2 (1 + \cos^2\alpha) + 2\delta^2 + 2\varepsilon\delta \cos\alpha - \varepsilon\beta_e - 2\beta_r \delta\right] \ldots\right\}$$

wird und hiermit

$$\left(\frac{E}{R}\right)^2 = c^2 \varepsilon^2 \{1 + [2\beta_r - 2\varepsilon \cos\alpha - 4\delta] \ldots\}; \qquad \left(\frac{E}{R}\right)^3 = c^3 \varepsilon^3 \{1 + \ldots\}.$$

Diese Werte, sowie R aus (18) und $\cos\alpha_0$ gemäß (4) setzen wir in S oben ein. Gemäß Abb. 3 ist dabei in (4) $\varphi_1 = \psi - \varphi_n$, $\varphi_2 = \alpha + \psi - \varphi_n$ zu nehmen, also

$$\cos\alpha_0 = \cos\alpha - \frac{1}{2} \nu^2 \sin^2\alpha \cos(\alpha + 2\psi - 2\varphi_n).$$

Berücksichtigt man noch, daß wegen (6) C_r, C_e und daher auch $c = \frac{C_e}{C_r} = 1 + \frac{1}{2} (\nu_r^2 - \nu_e^2)$ sich nur um Glieder ab II. Ordnung von 1 unterscheiden, so erhält man bei Beschränkung auf Glieder bis zur III. Ordnung schließlich folgenden Ausdruck:

$$S = \frac{C_r \mathfrak{H} s}{f} \Big\{ 1 + [\delta - \beta_r] + [2\varepsilon\delta\cos\alpha - \beta_r\delta - 2\varepsilon\beta_r\cos\alpha + \beta_r^2]$$
$$+ \Big[3\varepsilon\beta_r^2\cos\alpha - 2\varepsilon^2\delta\sin^2\alpha + \beta_r^2\delta - 2\varepsilon\beta_r\delta\cos\alpha - \beta_r^3 + \varepsilon^2\beta_e\cos\alpha + \left(\frac{5}{2}\sin^2\alpha - 1\right)\varepsilon^2\beta_r \qquad (19)$$
$$+ (1-c)\varepsilon\cos\alpha + \frac{1}{2}\varepsilon\nu^2\sin^2\alpha\cos(\alpha + 2\psi - 2\varphi_n)\Big] + \dots \Big\}.$$

Die Berechnung der zahlreichen Glieder niederer Ordnung ist umständlich und für photogrammetrische Methoden nicht tragbar. Wir vereinfachen daher die Rechnung — ohne an Genauigkeit zu verschenken —, indem wir die beiden Hilfsgrößen einführen

$$\bar{s} = s + 2e(\delta - \beta_r)\cos\alpha; \qquad \bar{S} = \frac{C_r \bar{s}(H - H_Q)}{f + b_r \bar{s}} \qquad (20\,\mathrm{a})$$

und $\bar{S}$ wieder in eine Reihe entwickeln. Durch Vergleich mit (19) ergibt sich dann

$$S = \bar{S} + \bar{S}\varepsilon \Big\{ \frac{1}{2}\nu^2\sin^2\alpha\cos(\alpha + 2\psi - 2\varphi_n) + \varepsilon\beta_r\left(\frac{5}{2}\sin^2\alpha - 1\right) - 2\varepsilon\delta\sin^2\alpha$$
$$+ [(1-c) + \varepsilon\beta_e + \beta_r^2 - 2(\delta - \beta_r)^2]\cos\alpha \Big\} + \dots, \qquad (20\,\mathrm{b})$$

wo jetzt nur noch wenige Glieder III. Ordnung berechnet werden müssen, sofern sich ihre Bestimmung nicht von vornherein ganz oder teilweise erübrigt, wie im Falle kleiner Exzentrizität (ε), geringer Neigung (ν, β) oder unwesentlicher Höhenunterschiede (δ).

2. Praktische Auswertung

a) Entwicklung der Rechenformeln

Es wäre natürlich am einfachsten, wenn der Radialtriangulator, mit dessen Hilfe die Richtungen in dem nadirnahen Bildpunkt ausgemessen werden, erlauben würde, gleichzeitig die Länge der Radienvektoren (s, e) zu ermitteln. Falls ein solches Instrument nicht vorhanden ist, greift man zur Längenbestimmung am besten auf eine koordinatenmäßige Ausmessung der Endpunkte aller verlangten Strecken zurück. Die dann noch erforderliche Rechnung zur Ermittlung von s und e ist gering und kann mit dem Rechenschieber erledigt werden, wie wir im einzelnen noch zeigen. Einmal erstreckt sich nämlich s nahezu in x-Richtung, weicht also von dem gemessenen Koordinatenwert nur wenig ab und andererseits wird die Exzentrizität e immer klein gehalten, schon um die lästigen Korrekturen der Horizontalwinkel zu ersparen.

Wie bereits früher erwähnt, legen wir das Koordinatensystem am besten durch den Hauptpunkt o der Aufnahme — die X-Achse in Flugrichtung. x_n, y_n seien die Koordinaten des Nadirs n (Abb. 3), x_p, y_p bzw. x_q, y_q jene des in seiner Nähe gelegenen Punktes p bzw. des anderen Endpunktes q der auszuwertenden Strecke.

Zwischen der Neigung ν und ihren Komponenten — Längsneigung ξ, Querneigung η — bestehen zufolge (3 a) die strengen Beziehungen

$$\sin\xi = \sin\nu\cos\varphi_n, \qquad \sin\eta = \sin\nu\sin\varphi_n; \qquad \text{also } \sin^2\nu = \sin^2\xi + \sin^2\eta, \qquad (21\,\mathrm{a})$$

oder näherungsweise zufolge (3 b)

$$\xi = \nu\cos\varphi_n, \qquad \eta = \nu\sin\varphi_n, \qquad \nu^2 = \xi^2 + \eta^2, \qquad (21\,\mathrm{b})$$

wo φ_n der Winkel zwischen der X-Achse und der Strecke $\overline{on} = f\,\mathrm{tg}\,\nu$, d. h. der Richtungswinkel der Bildneigung im Bildkoordinatensystem ist. Andererseits gilt

$$x_n = \overline{on}\cos\varphi_n = f\frac{\sin\xi}{\cos\nu}, \qquad y_n = \overline{on}\sin\varphi_n = f\frac{\sin\eta}{\cos\nu},$$

und da wegen (21a) $\cos\nu = \sqrt{1 - \sin^2\xi - \sin^2\eta} = \sqrt{1 - \xi^2 - \eta^2}$, erhält man nach Reihenentwicklung

$$x_n = f\xi\left[1 + \frac{1}{3}\xi^2 + \frac{1}{2}\eta^2 \dots\right], \qquad y_n = f\eta\left[1 + \frac{1}{3}\eta^2 + \frac{1}{2}\xi^2 \dots\right].$$

Führt man die Näherungen

$$f\xi\left[1+\frac{1}{3}\xi^2\right]=f\bar{\xi}=\bar{x}_n, \qquad f\eta\left[1+\frac{1}{3}\eta^2\right]=f\bar{\eta}=\bar{y}_n \tag{22a}$$

ein, welche Werte man ja unmittelbar statt der Neigungen ξ, η selbst an den Horizontbildern ablesen kann, — es bedarf hierzu nur einer entsprechenden Eichung —, so ergibt sich für die Koordinaten des Nadirs mit weit ausreichender Genauigkeit

$$x_n=\bar{x}_n+k_1\bar{y}_n, \qquad y_n=\bar{y}_n+k_1\bar{x}_n, \qquad \text{wo } k_1=\frac{1}{2}\xi\eta=\frac{\bar{x}_n\bar{y}_n}{2f^2}. \tag{22b}$$

In den meisten Fällen werden die Zusatzglieder überhaupt verschwindend klein, d. h. $x_n=\bar{x}_n$, $y_n=\bar{y}_n$ sein.

Die Neigungskomponenten ξ, η haben nach (22a) das nämliche Vorzeichen wie x_n, y_n. Diese Definition steht in Einklang mit Abb. 2 und der danach abgeleiteten Formel (5). Die eindeutige Anwendung dieser Formel sowohl als auch eine dem Vorzeichen nach eindeutige Neigungsangabe setzen voraus, daß der zu übertragenden Strecke ein Richtungssinn — am besten vom Nadir wegführend — beigelegt wird.

Bezeichnet ψ den Richtungswinkel der Strecke r, so folgt aus Abb. 3 in Verbindung mit (3b) und (21b) für den Neigungswinkel dieser Strecke

$$\nu_r=\nu\cos(\varphi_n-\psi)=\xi\cos\psi+\eta\sin\psi=\pm\xi+\eta\frac{y_q-y_n}{|x_q-x_n|}, \tag{23a}$$

wobei das obere Vorzeichen gilt, falls r zum folgenden Nadir hinführt, also ψ ein kleiner Winkel oder $\approx 360^0$ ist, dagegen das untere Vorzeichen für die Strecke zum vorausgehenden Nadir zu nehmen ist, in welchem Falle $\psi\approx 180^0$. Ebenso ergibt sich für die Neigung der Exzentrizität e

$$\nu_e=\nu\cos(\psi+\alpha-\varphi_n)=\xi\cos(\psi+\alpha)+\eta\sin(\psi+\alpha)=\xi\frac{x_p-x_n}{e}+\eta\frac{y_p-y_n}{e}, \tag{23b}$$

womit C_r, β_r und β_e gemäß (6) und (17c), sowie $1-c=\frac{1}{2}(\nu_e^2-\nu_r^2)\approx\frac{1}{2}(\nu_e^2-\xi^2)$ ermittelt werden können.

Die Entfernung s der Bildpunkte p und q berechnet man wegen $\left|\frac{y_q-y_p}{x_q-x_p}\right|\ll 1$ am einfachsten durch Reihenentwicklung

$$\begin{aligned} S&=\sqrt{(x_q-x_p)^2+(y_q-y_p)^2}=(x_q-x_p)\left[1+\frac{1}{2}\left(\frac{y_q-y_p}{x_q-x_p}\right)^2-\frac{1}{8}\left(\frac{y_q-y_p}{x_q-x_p}\right)^3+\dots\right]\\ &=(x_q-x_p)+\Delta_s^1+\Delta_s^2, \qquad \text{mit } \Delta_s^1=\frac{1}{2}\frac{(y_q-y_p)^2}{x_q-x_p}, \qquad \Delta_s^2=-\frac{1}{4}\frac{y_q-y_p}{x_q-x_p}\cdot\Delta_s^1. \end{aligned} \tag{24}$$

Auch hier wird das Glied Δ_s^2 nur in seltenen Fällen einen merkbaren Betrag erreichen. Die Exzentrizität

$$e=\sqrt{(x_p-x_n)^2+(y_p-y_n)^2} \tag{25a}$$

kann man mit Hilfe einer kleinen Quadrattafel rasch ermitteln. Außerdem ist hinreichend genau

$$e\cos\alpha=(x_p-x_n)+\frac{y_q-y_n}{x_q-x_n}(y_p-y_n), \qquad e\sin\alpha=(y_p-y_n)-\frac{y_q-y_n}{x_q-x_n}(x_p-x_n); \tag{25b}$$

denn r (Abb. 3) ist annähernd parallel der X-Achse, das Azimut von e daher nur um einen kleinen Winkel ψ von α verschieden und $\sin\psi\approx \operatorname{tg}\psi=\frac{y_q-y_n}{x_q-x_n}$.

Aus dem gleichen Grunde schreiben wir näherungsweise $\alpha+2\psi-2\varphi_n\approx(\alpha+\psi)-2\varphi_n$, also mit Benutzung von (21b) und Abb. 3

$$\begin{aligned} \nu^2\cos(\alpha+2\psi-2\varphi_n)&=\nu^2[\cos(\alpha+\psi)(\cos^2\varphi_n-\sin^2\varphi_n)+2\sin(\alpha+\psi)\sin\varphi_n\cos\varphi_n\\ &=\frac{x_p-x_n}{e}(\xi^2-\eta^2)+2\frac{y_p-y_n}{e}\xi\eta, \end{aligned}$$

so daß das erste Zusatzglied in (20b) $\frac{1}{2}\,\varepsilon\nu^2 \sin^2\alpha \cos(\alpha+2\psi-2\varphi_n) = \varkappa_1$ wie folgt lautet:

$$\varkappa_1 = k\left(\frac{y_p-y_n}{e}\right)^2, \quad \text{wo } k = \frac{2(y_p-y_n)k_1+(x_p-x_n)k_2}{s} \quad \text{und } k_1 = \frac{1}{2}\,\xi\eta, \quad k_2 = \frac{1}{2}(\xi^2-\eta^2). \tag{26}$$

Schließlich erhält man wegen $\varepsilon = \frac{e}{s}$, $\varepsilon\beta_e = \frac{e}{f}\,b_e$ und nach einiger Umformung von (20b) unter Berücksichtigung von (25b) als Ergebnis

$$S = \bar{S} + \bar{S}(\varkappa_1+\varkappa_2+\varkappa_3+\varkappa_4) = \bar{S} + \bar{S}\varkappa = \bar{S}(1+\varkappa), \tag{27a}$$

worin

$$\varkappa = \varkappa_1+\varkappa_2+\varkappa_3+\varkappa_4$$

und

$$\left.\begin{aligned}\varkappa_1 &= k\left(\frac{y_p-y_n}{e}\right)^2, \quad \varkappa_2 = \frac{1}{2}\,\beta_r\,\frac{5(y_p-y_n)^2-2e^2}{s^2}, \quad \varkappa_3 = -2\delta\left(\frac{y_p-y_n}{s}\right)^2,\\ \varkappa_4 &= K\,\frac{x_p-x_n}{s}, \qquad \text{mit } K = (1-c)+\varepsilon\beta_e+\beta_r^2-2(\delta-\beta_r)^2.\end{aligned}\right\} \tag{27b}$$

Diese Formel verbürgt eine Rechengenauigkeit von mindestens 1‰. Falls die Ausgangsdaten, insbesondere sehr mangelhafte Höhenwerte diese Genauigkeit illusorisch machen, ist natürlich auch die Berechnung der $\varkappa$-Glieder überflüssig und $S = \bar{S}$ genügend genau.

b) Formularmäßige Darstellung

Bei der Nadirtriangulation ist nicht nur eine Aufnahme, sondern eine ganze Bildreihe auszuwerten. Daher ist es angebracht, den immer wiederkehrenden Arbeitsvorgang in ein festes Schema zu kleiden. Außerdem erfordert formularmäßiges Rechnen ein Minimum an Gedankenarbeit, bedeutet Zeitersparnis und erscheint bei photogrammetrischen Methoden daher doppelt geboten.

Der Gang der Auswertung soll an Hand des hier wiedergegebenen Rechenformulars noch einmal kurz durchgesprochen werden, welches in drei Abteilungen aufgegliedert ist. In der ersten werden nur die für die Aufnahme charakteristischen Konstanten bestimmt, sie trägt daher die Nummer der Aufnahme (= Nummer des zugehörigen Nadirs). Der zweite, mit „Rückblick" und mit der Nummer des vorhergehenden Nadirs gekennzeichnete Teil enthält die Berechnung der nach diesem zu gerichteten Strecke. Ganz analog wird die nach vorne daran anschließende Strecke in der dritten Abteilung „Vorblick" ausgewertet, welche daher auch die Nummer des Nadirs der folgenden Aufnahme trägt.

Auswerte- und Rechenformular — Brennweite f

Aufnahme	$\bar{x}_n$	$\bar{y}_n$	H	ξ	η	x_n	y_n	$e \cos\alpha$	ν_e	ν^2	$2(y_p-y_n)k_1$
i	x_p	y_p	H_P	k_1	k_2	x_p-x_n	y_p-y_n	e	$1-c$	$\varepsilon\beta_e$	$(x_p-x_n)k_2$
Rückblick	x_q	y_q	H_Q	h	d	x_q-x_n	y_q-y_n	ν_r	C_r	$f+b_r\bar{s}$	k
$i-1$	x_q-x_p	y_q-y_p	$H-H_Q$	$\mathfrak{h}$	δ	b_r	β_r	$\delta-\beta_r$	K	$\bar{S}$	$\Delta\bar{S}$
	Δ_s^1	Δ_s^2	s	Δs	$\bar{s}$	$\varkappa_1$	$\varkappa_2$	$\varkappa_3$	$\varkappa_4$	$\varkappa$	$\bar{S}$
Vorblick	x_q	y_q	H_Q	h	d	x_q-x_n	y_q-y_n	ν_r	C_r	$f+b_r\bar{s}$	k
$i+1$	x_q-x_p	y_q-y_p	$H-H_Q$	$\mathfrak{h}$	δ	b_r	β_r	$\delta-\beta_r$	K	$\bar{S}$	$\Delta\bar{S}$
	Δ_s^1	Δ_s^2	s	Δs	$\bar{s}$	$\varkappa_1$	$\varkappa_2$	$\varkappa_3$	$\varkappa_4$	$\varkappa$	S

Wir tragen zunächst die für alle Aufnahmen einer Bildreihe gleiche Brennweite f und die aus den Horizontbildern gewonnenen Neigungsablesungen ξ, η (im Bogenmaß) und $\bar{x}_n$, $\bar{y}_n$ in das Formular ein, ebenso die auf dem Film ausgemessenen Koordinaten x_p, y_p bzw. x_q, y_q der die Meßstrecke begrenzenden Hilfspunkte P (in Nadirnähe) und Q, sowie deren irgendwie ermittelten Geländehöhen H_P, H_Q und die Flughöhe H.

Damit sind auch $\nu^2 = \xi^2 + \eta^2$, die Koordinatenunterschiede $x_q - x_p$, $y_q - y_p$ und die Höhenwerte $H - H_Q$, $H = \frac{1}{2}(H_p + H_Q)$, $d = \frac{1}{2}(H_p - H_Q)$, $\mathfrak{h} = H - h$ unmittelbar gegeben. Hierauf bestimmt man (mit dem Rechenschieber) die Hilfswerte $k_1 = \frac{1}{2}\xi\eta$, $k_2 = \frac{1}{2}(\xi^2 - \eta^2)$, sowie $\delta = \frac{d}{\mathfrak{h}}$, und die Längenglieder $\Delta_s^1 = \frac{1}{2}\frac{(y_q - y_p)^2}{x_q - x_p}$, $\Delta_s^2 = -\frac{1}{4}\frac{y_q - y_p}{x_q - x_p}\Delta_s^1$. Nun erhält man sofort die Nadirkoordinaten $x_n = \bar{x}_n + k_1\bar{y}_n$, $y_n = \bar{y}_n + k_1\bar{x}_n$, die Differenzen $x_p - x_n$, $y_p - y_n$, bzw. $x_q - x_n$, $y_q - y_n$ und die Meßlänge $s = (x_q - x_p) + \Delta_s^1 + \Delta_s^2$. Weiter berechnet man e nach (25a) und $e\cos\alpha$ nach (25b), ferner die Neigungswinkel ν_r, ν_e nach (23a, b). Gemäß (6) findet man nun $C_r = 1 - \frac{1}{2}(\nu^2 + \nu_r^2)$, $b_r = \nu_r\left[1 - \frac{1}{2}\left(\nu^2 + \frac{1}{3}\nu_r^2\right)\right]$, sowie $\beta_r = \frac{s}{f}b_r$, $\varepsilon\beta_e = \frac{e}{f}\nu_e\left[1 - \frac{1}{2}\left(\nu^2 + \frac{1}{3}\nu_e^2\right)\right]$ und $1 - c = \frac{1}{2}(\nu_e^2 - \xi^2)$, ferner $\delta - \beta_r$, $\Delta s = 2(\delta - \beta_r)\, e\cos\alpha$ und $\bar{s} = s + \Delta s$.

Die eigentliche Übertragung, d. h. die Bestimmung von $\bar{S}$ gemäß (20a) muß als einzige Rechnung auf der Maschine ausgeführt werden, wobei man zunächst $f + b_r\bar{s}$ ermittelt. Falls eine Genauigkeit von 1‰ in S gewährleistet und wünschenswert ist, notiert man noch $2(y_p - y_n)k_1$, $(x_p - x_n)k_2$, k nach (26), $K = (1 - c) + \varepsilon\beta_e + \beta_r^2 - 2(\delta - \beta_r)^2$ und bestimmt damit die sehr kleinen Glieder $\varkappa_1, \varkappa_2, \varkappa_3, \varkappa_4$ gemäß (27b). Aus ihrer Summe kann mit dem Rechenschieber $\Delta\bar{S} = \varkappa\cdot\bar{S}$ oder direkt mit der Maschine die endgültige Länge $S = \bar{S}(1 + \varkappa) = \bar{S} + \Delta\bar{S}$ gefunden werden.

Der hier geschilderte Rechengang ist sehr einfach und durchaus tragbar. Jede im Vorblick ermittelte Strecke erscheint außerdem im Rückblick der folgenden Aufnahme, so daß man gegen grobe Fehler geschützt ist und gleichzeitig einen Überblick über die tatsächlich erreichte Genauigkeit erhält. Wie schon am Ende von II, 3 bemerkt wurde, hängt diese im wesentlichen von der Kenntnis der Geländehöhen ab.

IV. Das Nadir-Polygon

1. Der eingehängte Polygonzug

Die Theorie des Polygonzugs ist bekannt [3; Bd. II, 1, Kap. IX] und soll nur, soweit hier erforderlich, kurz entwickelt werden.

Zur Berechnung der Koordinaten einer beliebigen, etwa des k-ten Polygonpunktes, geht man am einfachsten von dem nächstgelegenen bekannten Punkt r aus und erhält im Falle $k > r$

$$x_k = x_r + \sum_{i=r}^{k-1} l_{i,i+1}\cos\lambda_{i,i+1}\,; \qquad y_k = y_r + \sum_{i=r}^{k-1} l_{i,i+1}\sin\lambda_{i,i+1}. \tag{28}$$

Darin bedeuten $l_{i,i+1}$ und $\lambda_{i,i+1}$ die endgültige Länge bzw. Richtung der von Punkt i nach $i+1$ sich erstreckenden Polygonseite und diese Größen werden sich von den beobachteten oder als Näherung benutzten Werten $\bar{l}_{i,i+1}$, $\bar{\lambda}_{i,i+1}$ nur um kleine Beträge $\Delta l_{i,i+1}$, $\Delta\lambda_{i,i+1}$ unterscheiden, falls überhaupt die Erfüllung gewisser Bedingungen eine Ausgleichung erforderlich macht. Da es uns hier nur auf einen Genauigkeitsvergleich mit der ohne Streckenmessung aufgebauten Rautenkette ankommt, lassen wir die für terrestrische Polygonzüge so wichtigen Richtungsanschlüsse beiseite und betrachten als einzige Bedingung nur den Anschluß der Nadire r und s $(> r)$ an zwei gegebene Festpunkte (x_r, y_r) und (x_s, y_s), welche ihrerseits nicht fehlerfrei zu sein brauchen. Diese Einhängebedingung drückt sich in den Gleichungen aus:

$$\sum_{i=r}^{s-1} l_{i,i+1}\cos\lambda_{i,i+1} - (x_s - x_r) = 0\,; \qquad \sum_{i=r}^{s-1} l_{i,i+1}\sin\lambda_{i,i+1} - (y_s - y_r) = 0.$$

Substituiert man hier

$$l_{i,i+1} = \bar{l}_{i,i+1} + \Delta l_{i,i+1}\,; \qquad \lambda_{i,i+1} = \bar{\lambda}_{i,i+1} + \Delta\lambda_{i,i+1} \tag{29}$$

und führt die Widersprüche

$$w_x = \sum_{i=r}^{s-1} \bar{l}_{i,i+1} \cos \bar{\lambda}_{i,i+1} - (x_s - x_r)\,; \qquad w_y = \sum_{i=r}^{s-1} \bar{l}_{i,i+1} \sin \bar{\lambda}_{i,i+1} - (y_s - y_r) \tag{30}$$

ein, so ergibt sich bei Verzicht auf alle Glieder, welche von höherer als der 1. Ordnung klein sind

$$\begin{aligned} &\sum_{i=r}^{s-1} (\Delta l_{i,i+1} \cos \bar{\lambda}_{i,i+1} - \bar{l}_{i,i+1} \sin \bar{\lambda}_{i,i+1} \Delta \lambda_{i,i+1}) + w_x = 0 \\ &\sum_{i=r}^{s-1} (\Delta l_{i,i+1} \sin \bar{\lambda}_{i,i+1} + \bar{l}_{i,i+1} \cos \bar{\lambda}_{i,i+1} \Delta \lambda_{i,i+1}) + w_y = 0\,. \end{aligned} \tag{31}$$

Mit Hilfe der Brechungswinkel $\psi_i = \bar{\psi}_i + \Delta\psi_i$ lassen sich die Richtungen der Polygonseiten von der noch zu bestimmenden Anfangsrichtung $\lambda_{r,r+1}$ herleiten:

$$\lambda_{i,i+1} = \lambda_{r,r+1} + (i-r)\pi + \psi_{r+1} + \psi_{r+2} + \ldots + \psi_i\,, \tag{32a}$$

ebenso

$$\bar{\lambda}_{i,i+1} = \bar{\lambda}_{r,r+1} + (i-r)\pi + \bar{\psi}_{r+1} + \bar{\psi}_{r+2} + \ldots + \bar{\psi}_i\,, \tag{32b}$$

woraus folgt

$$\Delta \lambda_{i,i+1} = \Delta \lambda_{r,r+1} + \sum_{j=r+1}^{i} \Delta \psi_j\,. \tag{32c}$$

Bei Berücksichtigung dieser Beziehung wird

$$\begin{aligned} \sum_{i=r}^{s-1} \bar{l}_{i,i+1} \sin \bar{\lambda}_{i,i+1} \Delta\lambda_{i,i+1} &= \sum_{i=r}^{s-1} (\bar{y}_{i+1} - \bar{y}_i) \left[\Delta\lambda_{r,r+1} + \sum_{j=r+1}^{i} \Delta\psi_j\right] \\ &= (y_s - y_r)\Delta\lambda_{r,r+1} + (\bar{y}_{r+2} - \bar{y}_{r+1})\Delta\psi_{r+1} \\ &\qquad + (\bar{y}_{r+3} - \bar{y}_{r+2})(\Delta\psi_{r+1} + \Delta\psi_{r+2}) \\ &\qquad \cdots\cdots\cdots\cdots\cdots \\ &\qquad + (y_s - \bar{y}_{s-1})(\Delta\psi_{r+1} + \Delta\psi_{r+2} + \ldots\ldots + \Delta\psi_{s-1}) \\ &= (y_s - y_r)\Delta\lambda_{r,r+1} + (y_s - \bar{y}_{r+1})\Delta\psi_{r+1} + (y_s - \bar{y}_{r+2})\Delta\psi_{r+2} + \ldots + (y_s - \bar{y}_{s-1})\Delta\psi_{s-1} \\ &= (y_s - y_r)\Delta\lambda_{r,r+1} + \sum_{i=r+1}^{s-1} (y_s - \bar{y}_i)\Delta\psi_i \end{aligned}$$

und analog gilt

$$\sum_{i=r}^{s-1} \bar{l}_{i,i+1} \cos \bar{\lambda}_{i,i+1} \Delta\lambda_{i,i+1} = (x_s - x_r)\Delta\lambda_{r,r+1} + \sum_{i=r+1}^{s-1} (x_s - \bar{x}_i)\Delta\psi_i\,,$$

so daß man statt (31) erhält

$$\sum_{i=r}^{s-1} \Delta l_{i,i+1} \cos \bar{\lambda}_{i,i+1} - (y_s - y_r)\Delta\lambda_{r,r+1} - \sum_{i=r+1}^{s-1} (y_s - \bar{y}_i)\Delta\psi_i + w_x = 0\,, \tag{33a}$$

$$\sum_{i=r}^{s-1} \Delta l_{i,i+1} \sin \bar{\lambda}_{i,i+1} + (x_s - x_r)\Delta\lambda_{r,r+1} + \sum_{i=r+1}^{s-1} (x_s - \bar{x}_i)\Delta\psi_i + w_y = 0\,. \tag{33b}$$

Nach Elimination der als Unbekannte aufzufassenden Größe $\Delta\lambda_{r,r+1}$ ergibt sich die einzige Bedingungsgleichung

$$\begin{aligned} \sum_{i=r}^{s-1} [(x_s - x_r)\cos\bar{\lambda}_{i,i+1} + (y_s - y_r)\sin\bar{\lambda}_{i,i+1}]\Delta l_{i,i+1} + \sum_{i=r+1}^{s-1} [(y_s - y_r)(x_s - \bar{x}_i) \\ - (x_s - x_r)(y_s - \bar{y}_i)]\Delta\psi_i \quad + \quad [(x_s - x_r)w_x + (y_s - y_r)w_y] = 0\,. \end{aligned} \tag{34}$$

Zur Vereinfachung führen wir noch die Entfernung S_i des Polygonpunktes i vom Festpunkt s ein, speziell $(i = r)$ jene der Fixpunkte selbst $S_r = S$, sowie die Richtungswinkel σ_i bzw. σ dieser Strecken

$$\begin{aligned} x_s - \bar{x}_i &= \bar{S}_i \cos \bar{\sigma}_i\,; & y_s - \bar{y}_i &= \bar{S}_i \sin \bar{\sigma}_i \\ x_s - x_r &= S \ \cos \sigma\ ; & y_s - y_r &= S \ \sin \sigma \end{aligned} \tag{35a}$$

oder

$$S = \sqrt{(x_s - x_r)^2 + (y_s - y_r)^2}\,; \qquad \operatorname{tg} \sigma = \frac{y_s - y_r}{x_s - x_r} \tag{35b}$$

und setzen den Querabstand des Punktes i von der Verbindungslinie der Festpunkte (vgl. Abb. 4)

$$S_i \sin (\sigma - \bar{\sigma}_i) = q_i\,.$$

Damit folgt aus (34) nach Kürzung durch S

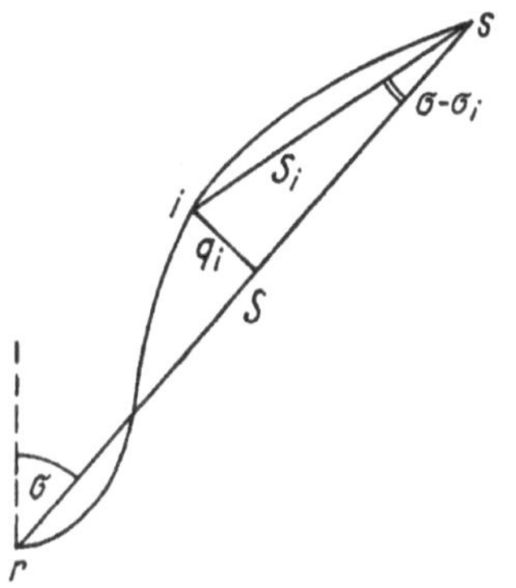

Abb. 4

$$\sum_{i=r}^{s-1} \cos (\bar{\lambda}_{i,i+1} - \sigma)\, \Delta l_{i,i+1} + \sum_{i=r+1}^{s-1} q_i \Delta \psi_i + w = 0\,, \tag{36a}$$

worin gemäß (30) und (35a)

$$w = w_x \cos \sigma + w_y \sin \sigma = \sum_{i=r}^{s-1} \bar{l}_{i,i+1} \cos (\bar{\lambda}_{i,i+1} - \sigma) - S \tag{36b}$$

bedeutet. Werden nun die Änderungen $\Delta l_{i,i+1}$ und $\Delta \psi_i$ so bestimmt, daß die Fehlerquadratsumme $\sum_{i=r}^{s-1} p_l \Delta l^2_{i,i+1} + \sum_{r+1}^{s-1} p_\psi \Delta \psi_i^2$ ein Minimum wird, wobei es zweckmäßig und wegen des inhomogenen Charakters dieser Größen notwendig erscheint, die Gewichte p_l, p_ψ den reziproken Quadraten der mittleren Fehler m_l, m_ψ gleichzusetzen, so ergibt die bekannte Methode mit Korrelaten

$$\Delta l_{i,i+1} = m_l^2 \cos (\bar{\lambda}_{i,i+1} - \sigma) k \qquad (r \leqq i \leqq s-1)\,; \tag{37a}$$

$$\Delta \psi_i = m_\psi^2 q_i k \qquad (r + 1 \leqq i \leqq s-1)\,, \tag{37b}$$

wobei die zur Bedingungsgleichung (36a) gehörige Korrelate

$$k = - \frac{w}{m_l^2 \sum\limits_{i=r}^{s-1} \cos^2 (\lambda_{i,i+1} - \sigma) + m_\psi^2 \sum\limits_{r+1}^{s-1} q_i^2} \tag{37c}$$

gefunden wird.

2. Anwendung auf den Nadirzug

Die letzten Ergebnisse gelten für einen beliebigen zwischen zwei Festpunkten eingespannten Polygonzug und sollen nun speziell auf die Nadirkette abgestimmt werden. Bei dieser hat man es mit einem nahezu gestreckten Polygonzug zu tun, wo die Querabweichungen q_i aus der mittleren Flugrichtung nur gering und die Winkel $(\lambda_{i,i+1} - \sigma)$ klein sind. Auch spricht der Umstand, daß die Genauigkeit der Winkelbeobachtung jene der Streckenmessung bei weitem übertrifft, für eine Vernachlässigung der zweiten Summe im Nenner von (37c) und läßt vermuten, daß die Änderungen $\Delta \psi_i$ gegenüber $\Delta l_{i,i+1}$ nur unbedeutend ausfallen.

Nehmen wir als konkretes Beispiel eine zehngliedrige Kette zwischen den Festpunkten an $(s - r = 10)$, die durchschnittliche Gliedlänge $l = 3{,}5$ km, die Genauigkeit der Längenmessung mit 4‰ (vgl. II, 3), d. h. $m_l = 0{,}004\, l = 14$ m und die Querabstände q_i der 9 Zwischenpunkte zu 1,2, 2,2, 2,9, 3,4, 3,5, 3,4, 2,9, 2,2, 1,2 km, was einer für eine Nadirkette schon kaum denkbaren Krümmung entsprechen würde, so erhält man bei einem mittleren Winkelfehler von $3{,}'5 \left(m_\psi = \frac{3{,}5}{\varrho} = 0{,}001\right)$ für die erste Summe des besagten Nenners

$$m_l^2 \sum_{r}^{s-1} \cos^2 (\lambda_{i,i+1} - \sigma) = (s - r) m_l^2 = 1960\ m^2,$$

während die zweite Summe $m_\psi^2 \sum\limits_{r+1}^{s-1} q_i^2 = 65\ m^2$ beträgt, ihre Berücksichtigung den Nenner also nur um etwa 3% vergrößern würde. Nimmt man ferner einen Widerspruch $w = 100$ m auf die

Gesamtlänge $S = 36$ km an, so trifft auf jedes Glied die Verbesserung $\Delta l = 10$ m; dagegen errechnet man aus (37 b, c) als maximale Winkelverbesserung (Zugmitte $i = 5$)

$$\Delta\psi_5 = 10^{-6} \cdot 3500 \cdot \frac{100}{1960} = 0{,}00018 = 0\overset{\prime}{,}6,$$

einen Betrag, welcher weit unterhalb der Maßgenauigkeit liegt.

In den meisten praktischen Fällen kann man daher an Stelle von (37 a, b, c) für die Nadirkette setzen

$$k = -\frac{w}{(s-r)m_l^2}; \qquad \Delta l_{i,i+1} = -\frac{w}{s-r}\,(r < i < s-1); \qquad \Delta\psi_i = 0, \tag{38}$$

und damit erhält man nach (29) und (32 c)

$$\lambda_{i,i+1} = \bar{\lambda}_{i,i+1} + \Delta\lambda_{r,r+1}.$$

Die hier auftretende bereits früher erwähnte Unbekannte $\Delta\lambda_{r,r+1}$ (= Orientierungsänderung infolge der Anschlußbedingung) findet man bei Berücksichtigung von (38), (36 b) und (35 a) sowie mit Benutzung der Näherungen

$$\sum_{i=r}^{s-1} \cos\bar{\lambda}_{i,i+1} = (s-r)\cos\sigma, \qquad \sum_{i=r}^{s-1} \sin\bar{\lambda}_{i,i+1} = (s-r)\sin\sigma$$

aus (33 a) oder (33 b) übereinstimmend

$$\Delta\lambda_{r,r+1} = \frac{w_x \sin\sigma - w_y \cos\sigma}{S}.$$

Zieht man neben (35 a) noch (30) heran, so folgt schließlich für die endgültigen Richtungen

$$\lambda_{i,i+1} = \bar{\lambda}_{i,i+1} + \frac{1}{S}\sum_{j=r}^{s-1} \bar{l}_{j,j+1} \sin(\sigma - \bar{\lambda}_{j,j+1}). \tag{39 a}$$

Wir wollen auch die endgültigen Längen der Polygonseiten durch die Beobachtungs- bzw. Ausgangswerte ausdrücken. Es ergibt sich nach (29), (38) und (36 b)

$$l_{i,i+1} = \bar{l}_{i,i+1} + \frac{S - \sum_{j=r}^{s-1} \bar{l}_{j,j+1} \cos(\bar{\lambda}_{j,j+1} - \sigma)}{s-r}, \quad \text{wenn } r < i \leq s-1; \tag{39 b}$$

$$l_{i,i+1} = \bar{l}_{i,i+1}, \quad \text{wenn } i < r, \quad i \geq s. \tag{39 c}$$

Da die Verbesserungen unter sich alle gleich sind, ist die Rechnung hier besonders einfach. Sie würde aber auch keine Schwierigkeiten bereiten, wenn die allgemein gültigen Formeln (37 a, b, c) herangezogen werden müßten, sei es, daß die Nadirkette ungewöhnlich gekrümmt ist, sei es, daß sich das Verhältnis der Strecken- zur Winkelmessung wesentlich verbessert.

3. Fehlerbetrachtung

Es soll nun die Genauigkeit eines beliebigen, etwa des k-ten Polygonpunktes untersucht werden. Dabei setzen wir $k > r$ voraus, ohne den allgemeinen Fall wesentlich einzuschränken und legen die Gl. (28) zugrunde, welche wir differentiieren. Man erhält dann die Änderungen dx_k, dy_k, die bei beliebigen kleinen Änderungen $d\bar{l}_{i,i+1}$, $d\bar{\psi}_i$, dx_r, dy_r, dx_s, dy_s der Ausgangsgrößen hervorgerufen werden:

$$dx_k = dx_r + \sum_{i=r}^{k-1} (dl_{i,i+1} \cos\lambda_{i,i+1} - l_{i,i+1} \sin\lambda_{i,i+1}\, d\lambda_{i,i+1}), \tag{40 a}$$

$$dy_k = dy_r + \sum_{i=r}^{k-1} (dl_{i,i+1} \sin\lambda_{i,i+1} + l_{i,i+1} \cos\lambda_{i,i+1}\, d\lambda_{i,i+1}). \tag{40 b}$$

Darin sind $\lambda_{i,i+1}$ durch (39 a) und $l_{i,i+1}$ durch (39 b) bzw. (39 c) gegeben, während $d\lambda_{i,i+1}$ und $dl_{i,i+1}$ durch Differentiation jener Gleichungen bestimmt werden.

$$d\lambda_{i,i+1} = d\bar{\lambda}_{i,i+1} + \frac{1}{S^2}\sum_{j=r}^{s-1}\{(S\,d\bar{l}_{j,j+1} - \bar{l}_{j,j+1}\,dS)\sin(\sigma - \bar{\lambda}_{j,j+1}) + S\bar{l}_{j,j+1}\cos(\sigma - \bar{\lambda}_{j,j+1})\,(d\sigma - d\bar{\lambda}_{j,j+1})\}; \tag{41a}$$

$$dl_{i,i+1} = d\bar{l}_{i,i+1} + \frac{1}{s-r}\Big\{dS - \sum_{j=r}^{s-1}[d\bar{l}_{j,j+1}\cos(\bar{\lambda}_{j,j+1} - \sigma) - \bar{l}_{j,j+1}\sin(\bar{\lambda}_{j,j+1} - \sigma)\,(d\bar{\lambda}_{j,j+1} - d\sigma)]\Big\} \quad \text{bei } r \leqq i < s, \tag{41b}$$

$$dl_{i,i+1} = d\bar{l}_{i,i+1}, \qquad \text{bei } i \geqq s, \tag{41c}$$

wobei gemäß (35a, b) zu setzen ist:

$$dS = \frac{(x_s - x_r)(dx_s - dx_r) + (y_s - y_r)(dy_s - dy_r)}{S}, \quad d\sigma = \frac{(x_s - x_r)(dy_s - dy_r) - (y_s - y_r)(dx_s - dx_r)}{S^2}. \tag{42}$$

Für eine Fehleruntersuchung ist es ausreichend und zweckmäßig, die Nadirkette genau in der X-Richtung verlaufend zu denken und alle Polygonseiten gleich groß anzunehmen. Wir setzen also in obigen Gleichungen

$$\lambda_{i,i+1} = \sigma = 0, \qquad l_{i,i+1} = l, \qquad x_s - x_r = (s-r)l = S, \qquad y_s = y_r = 0 \tag{43a}$$

und bekommen aus (40a, b)

$$dx_k = dx_r + \sum_{i=r}^{k-1} dl_{i,i+1}, \qquad dy_k = dy_r + l\sum_{i=r}^{k-1} d\lambda_{i,i+1}, \tag{43b}$$

worin gemäß (41a, b, c), (42) und (43a)

$$dl_{i,i+1} = d\bar{l}_{i,i+1} + \frac{1}{s-r}\Big[dx_s - dx_r - \sum_{j=r}^{s-1} d\bar{l}_{j,j+1}\Big] \qquad \text{bei } r \leqq i < s,$$
$$dl_{i,i+1} = d\bar{l}_{i,i+1} \qquad \text{bei } i \geqq s \tag{44a}$$

und

$$d\lambda_{i,i+1} = d\bar{\lambda}_{i,i+1} + \frac{1}{s-r}\Big[\frac{dy_s - dy_r}{l} - \sum_{j=r}^{s-1} d\bar{\lambda}_{j,j+1}\Big]$$

wird. Berücksichtigt man (32b)

$$d\bar{\lambda}_{i,i+1} = d\bar{\lambda}_{r,r+1} + \sum_{j=r+1}^{i} d\bar{\psi}_j,$$

demzufolge

$$d\bar{\lambda}_{i,i+1} - \frac{1}{s-r}\sum_{j=r}^{s-1} d\bar{\lambda}_{j,j+1} = \sum_{r+1}^{i} d\bar{\psi}_j - \frac{1}{s-r}\sum_{j=r}^{s-1}\sum_{q=r+1}^{j} d\bar{\psi}_q = \sum_{r+1}^{j} d\bar{\psi}_j - \sum_{r+1}^{s-1}\frac{s-j}{s-r}\,d\bar{\psi}_j$$

gilt, so läßt sich die letzte Gleichung auch wie folgt schreiben:

$$d\lambda_{i,i+1} = \frac{dy_s - dy_r}{(s-r)\,l} + \sum_{r+1}^{i} d\bar{\psi}_j - \sum_{r+1}^{s-1}\frac{s-j}{s-r}\,d\bar{\psi}_j. \tag{44b}$$

Substituiert man (44a, b) in (43b) und macht dabei, wie schon des öfteren, von der Formel $\sum_{i=r}^{k-1}\sum_{j=r+1}^{i} d\bar{\psi}_j = \sum_{i=r+1}^{k-1}(k-i)\,d\bar{\psi}_i$ Gebrauch, so ergibt sich schließlich

im Falle $r < k < s$

$$dx_k = \frac{s-k}{s-r}\,dx_r + \frac{k-r}{s-r}\,dx_s + \frac{s-k}{s-r}\sum_{r}^{k-1} d\bar{l}_{i,i+1} - \frac{k-r}{s-r}\sum_{k}^{s-1} d\bar{l}_{i,i+1}, \tag{45a}$$

$$dy_k = \frac{s-k}{s-r}\,dy_r + \frac{k-r}{s-r}\,dy_s - \frac{s-k}{s-r}\,l\sum_{r+1}^{k-1}(i-r)\,d\bar{\psi}_i - \frac{k-r}{s-r}\,l\sum_{k}^{s-1}(s-i)\,d\bar{\psi}_i; \tag{45b}$$

im Falle $k > s$

$$dx_k = dx_s + \sum_{s}^{k-1} dl_{i,i+1}, \tag{46a}$$

$$dy_k = \frac{k-r}{s-r} dy_s - \frac{k-s}{s-r} dy_r + \frac{k-s}{s-r} l \sum_{r+1}^{s-1} (i-r) d\psi_i + l \sum_{s}^{k-1} (k-i) d\psi_i. \tag{46b}$$

Legt man einen mittleren Fehler m_l für die Bestimmung von l, sowie einen mittleren Fehler m_ψ der ausgemessenen Winkel zugrunde und sind $m_x(r)$, $m_y(r)$, $m_x(s)$, $m_y(s)$ die mittleren Koordinatenfehler der Anschlußpunkte, so erhält man aus (45a, b) und (46a, b) nach dem Fehlerfortpflanzungsgesetz den mittleren Längsfehler $m_x(k)$ und den mittleren Querfehler $m_y(k)$ des Nadirs k in der ausgeglichenen Kette, nämlich

bei $r < k < s$:

$$m_x^2(k) = \left(\frac{s-k}{s-r}\right)^2 m_x^2(r) + \left(\frac{k-r}{s-r}\right)^2 m_x^2(s) + \frac{(s-k)(k-r)}{s-r} m_l^2, \tag{47a}$$

$$m_y^2(k) = \left(\frac{s-k}{s-r}\right)^2 m_y^2(r) + \left(\frac{k-r}{s-r}\right)^2 m_y^2(s) + \frac{(s-k)(k-r)}{6(s-r)} [2(s-k)(k-r)+1] \left(\frac{l m_\psi}{\varrho}\right)^2; \tag{47b}$$

bei $k > s$:

$$m_x^2(k) = m_x^2(s) + (k-s) m_l^2; \tag{48a}$$

$$m_y^2(k) = \left(\frac{k-s}{s-r}\right)^2 m_y^2(r) + \left(\frac{k-r}{s-r}\right)^2 m_y^2(s) + \frac{(k-s)(k-r)}{6(s-r)} [2(s-r)(k-s)+1] \left(\frac{l m_\psi}{\varrho}\right)^2. \tag{48b}$$

Der Fall $k < r$ wird dadurch erledigt, daß man die Nadirzählung umgekehrt vornimmt, also alle Differenzen $(i-j)$ in (48a, b) durch $(j-i)$ ersetzt und dann noch r und s vertauscht. Die Formeln (47a, b) gelten auch dann, wenn k näher an s liegt und von hier ab gerechnet wird.

4. Vergleich von Polygon- und Rautenkette

Die eben gewonnenen Ergebnisse vergleichen wir mit den Fehlern des durch einfachen Rautenaufbau (ohne Streckenmessung) eingeschalteten Nadirs N_k. Der Einfachheit halber legen wir dazu Fall C meiner früheren Ausführungen — vgl. [1, Kap. I, 3] — zugrunde, bei welchem N_k sowohl mit nur über der Nadirkette, wie auch mit nur darunter liegenden Hilfspunkten bestimmt und dann gemittelt wird, weil die dabei erhaltenen Ergebnisse im Längsfehler überhaupt nicht, im Querfehler nur unbedeutend von jenen einer strengen Ausgleichung abweichen. Nach den in [1, Kap. III, 2c und Kap. IX, 2] entwickelten Formeln kann man diese Fehler bei Richtungsmessung wie folgt ausdrücken:

$$\left.\begin{matrix} M_x^2(k) \\ M_y^2(k) \end{matrix}\right\} = \left(\frac{s-k}{s-r}\right)^2 \left\{\begin{matrix} m_x^2(r) \\ m_y^2(r) \end{matrix}\right. + \left(\frac{k-r}{s-r}\right)^2 \left\{\begin{matrix} m_x^2(s) \\ m_y^2(s) \end{matrix}\right. + \frac{k-r}{s-r} A \left(\frac{l\mu}{\varrho}\right)^2 \left\{\begin{matrix} \varepsilon(\vartheta)/H \\ 3/N \end{matrix}\right. . \tag{49a}$$

Darin bedeuten N die Häufigkeit der Ausmessungen nach den Nadir-, H jene nach den Hilfspunkten und μ den mittleren Fehler einer einmal ausgemessenen Richtung. Ferner ist $\varepsilon(\vartheta)$ ein den Rautenwinkel ϑ berücksichtigender Faktor — s. [1, S. 71, Tab. 12a, b] — und

$$A = \begin{cases} (s-k)[2(s-k)(k-r)+1] & \text{bei } r < k < s \\ (k-s)[2(k-s)(s-r)+1] & \text{bei } k < s \end{cases}. \tag{49b}$$

Setzt man $N = H = 1$, um möglichst die gleichen Voraussetzungen wie bei der Polygonierung zu erhalten, und vergleicht mit (49a) die Formeln (47a, b), (48a, b), worin $m_\psi = \mu\sqrt{2}$ zu nehmen ist, so erkennt man, daß die Querfehler bei der Polygonierung sowohl wie beim Rautenaufbau gleich groß sind ($m_y = M_y$). Das ist nicht verwunderlich, da auch bei der letzten die Querfehler nur von den Beobachtungen zwischen den Nadiren abhängen — vgl. [1 (43A, B, C)].

Bezüglich der Längsfehler bilden wir das Verhältnis $V = \frac{M_x}{m_x}$, wobei wir von der Ungenauigkeit der Anschlußpunkte absehen; d. h. $m(r) = m(s) = 0$ setzen und erhalten

$$V = \frac{M_x}{m_x} = \frac{l}{m_l} \frac{\mu}{\varrho} \sqrt{\varepsilon(\vartheta)} \cdot K \quad \text{mit} \quad K^2 = \begin{cases} 2(s-k)(k-r)+1 & \text{für } r < k < s \\ [2(k-s)(s-r)+1] \frac{k-r}{s-r} & \text{für } k > s \end{cases}. \tag{50}$$

In Abb. 5 sind die Werte K für alle Nadire k einer aus 15 Rauten bestehenden Kette aufgetragen; dabei ist überall Nadir $r = 0$ als erster Festpunkt angenommen, während der zweite Anschlußpunkt s von Kurve zu Kurve verschieden ist.

Man erkennt leicht, daß K, also auch V um so größer wird, je weiter man sich von einem Festpunkt entfernt; d. h. die Polygonierung ist dem Rautenaufbau um so mehr an Genauigkeit überlegen, je größer der Abstand vom nächsten Anschlußpunkt ist. Wo sich beide Verfahren das Gleichgewicht halten, hängt natürlich von dem Faktor $\frac{l}{m_l} \frac{\mu}{\varrho} \sqrt{\varepsilon(\vartheta)}$, also im wesentlichen von dem Verhältnis $\frac{\mu}{m_l}$ des Richtungsmeßfehlers zum Längenmeßfehler ab. Da nach den Ausführungen am Schluß von Kap. II $\frac{m_l}{l}$ zwischen $2^0/_{00}$ und $5^0/_{00}$ liegt und $1' < \mu < 5'$ angenommen werden kann, schwankt der Wert des obigen Faktors zwischen 0,06 und 0,7. Für den Mittelwert 0,4 z. B. wird die Polygonierung bei $K > \frac{1}{0,4} = 2,5$ überlegen; d. h. $V > 1$.

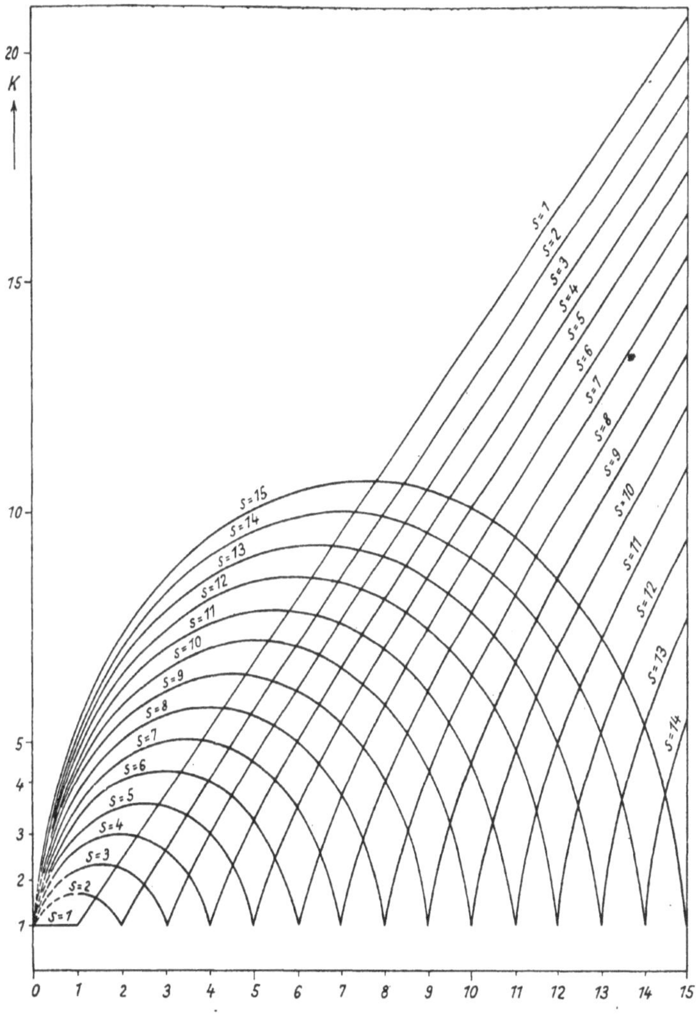

Abb. 5

Wir ziehen aus allem die Schlußfolgerung: Sofern der Nadirtriangulation wegen ihrer beschränkten Genauigkeit überhaupt eine praktische Berechtigung zugebilligt wird, verdient auch die Aeropolygonierung Beachtung. Sie erfordert zwar an Mehrarbeit die Ausmessung und Reduktion der Längen l, dafür entfällt mehr als die Hälfte der Richtungsbeobachtungen (nämlich nach den Hilfspunkten bei Rautenketten). Die Berechnung der neu eingeschalteten Nadirpunkte ist außerdem erheblich einfacher. Beide Methoden, Polygonierung und Rautenaufbau liefern den gleichen Querfehler eines neu eingeschalteten Punktes. Bezüglich des Längsfehlers ist die erste bei langen Ketten sogar überlegen.

Wenn man daher beinahe geneigt ist, der ersten den Vorzug zu geben, so möchte ich doch nicht unerwähnt lassen, daß man sich beim reinen Polygonzug mit der Topographie der unmittelbaren Umgebung der Nadire zufriedengeben muß und ohne zusätzliche Messung nicht in dem Maße wirklich markante Punkte einschalten kann, wie es beim Rautenaufbau möglich ist, dessen Hilfspunkte nicht in so engen Grenzen frei wählbar sind. Auch ist bei letzteren die Kontrolle der Beobachtungen durch die Seitenbedingungen umfassender, während bei der Aeropolygonierung nur die Seitenlängen durch doppelte Entnahme aus verschiedenen Bildern gesichert sind, für die Brechungswinkel aber jede Probe entfällt.

V. Rautenketten mit Streckenmessung

1. Allgemeines

Die Tatsache, daß der Längsfehler beim freien Polygonzug nur mit der Quadratwurzel aus der Streckenzahl zunimmt, scheint dem beinahe quadratischen Anwachsen bei freien Rautenketten gerade das richtige Gegengewicht zu liefern. In dieser Hinsicht ist daher von einer Kombination des Rautenaufbaus mit der Polygonierung ein günstiges Ergebnis zu erwarten.

Man könnte noch einen Schritt weitergehen und alle in der Rautenkette vorkommenden Strecken auf den Bildern ausmessen. Da jede unter ihnen von dem Nadir irgendeiner Aufnahme ausgeht, ließen sie sich nach unseren früheren Formeln (5) auf die Kartenebene reduzieren. Abgesehen von den Verbindungslinien der Nadire selbst — unseren bisherigen Polygonseiten —, trifft dies freilich nur für je eine Aufnahme zu; denn auf den Nachbarbildern liegen diese Strecken am Bildrande, gehen jedenfalls nicht mehr vom zugehörigen Nadir aus und ihre Reduktion ist dann nicht mehr auf solch einfache Weise möglich. Mit anderen Worten, die Voraussetzungen zu einer doppelten Ausmessung der Strecken (auf verschiedenen Bildern) und alle daran geknüpften Folgerungen — vgl. II, 3 — sind nur für die Seiten des Nadirpolygons gegeben und die hier berührte Erweiterung der Streckenmessung soll daher auch nicht weiter verfolgt werden, zumal auch der dabei zu erwartende Rechenaufwand jedes erträgliche Maß übersteigen dürfte.

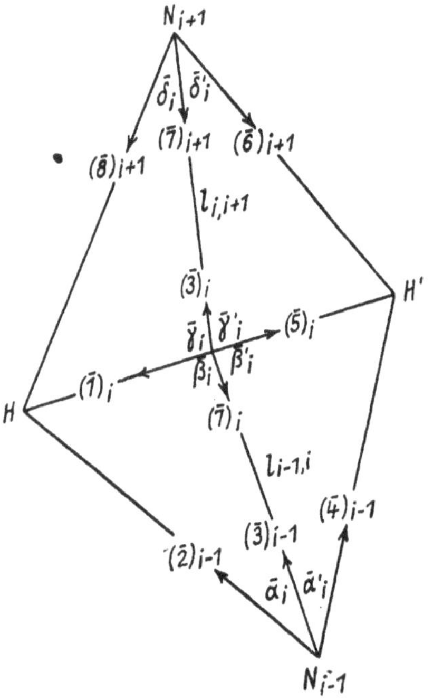

Abb. 6. Raute um den Nadir N_i

Wir legen also unseren weiteren Untersuchungen eine Rautenkette zugrunde, in welcher sämtliche Richtungen in den Nadiren und die Verbindungsstrecken zwischen diesen als „Beobachtungen" vorliegen, und zwar seien die Richtungen nach den Nachbarnadiren N-mal, jene nach den Hilfspunkten H-mal je mit dem mittleren Fehler μ und die Strecken mit dem mittleren Fehler m_l ausgemessen.

Die von mir in der Raute Nr. i (Abb. 6) angewandte Bezeichnung ist die nämliche wie in meiner früheren Arbeit — vgl. [1, Kap. II, 1]. Es sei hier nur wiederholt, daß die Winkel $\alpha, \beta, \gamma, \delta$ als Index die Nummer der Raute, dagegen die Richtungsgrößen (1), (2), ... (8) als Index die Nadirnummer tragen und ohne Überstrich in der Regel kleine Änderungen dieser Größen zu verstehen sind.

2. Aufstellung der Bedingungs- und Normalgleichungen

Innerhalb jeder Raute sind die beiden Bedingungen zu erfüllen:

$$l_{i-1,i} \frac{\sin \bar{\alpha}_i \sin (\bar{\gamma}_i + \bar{\delta}_i)}{\sin (\bar{\alpha}_i + \bar{\beta}_i) \sin \bar{\delta}_i} = l_{i,i+1} \quad \text{und} \quad l_{i-1,i} \frac{\sin \bar{\alpha}'_i \sin (\bar{\gamma}'_i + \bar{\delta}'_i)}{\sin (\bar{\alpha}'_i + \bar{\beta}'_i) \sin \bar{\delta}'_i} = l_{i,i+1}, \tag{51}$$

welche zweckmäßig in logarithmischer Form aufgestellt und dabei die Näherungs(=Beobachtungs)-werte $\tilde{l}_{i,i+1}$, $\tilde{\alpha}_i \ldots \tilde{\delta}'_i$ benutzt werden. Bezeichnen $\Delta l_{i,i+1}$, $\alpha_i \ldots \delta'_i$ die zugehörigen Verbesserungen, deren höhere Potenzen man vernachlässigen kann, und werden die Widersprüche

$$w_i = \log \frac{\tilde{l}_{i-1,i} \sin \tilde{\alpha}_i \sin(\tilde{\gamma}_i + \tilde{\delta}_i)}{\tilde{l}_{i,i+1} \sin(\tilde{\alpha}_i + \tilde{\beta}_i) \sin \tilde{\delta}_i}, \quad w'_i = \log \frac{\tilde{l}_{i-1,i} \sin \tilde{\alpha}'_i \sin(\tilde{\gamma}'_i + \tilde{\delta}'_i)}{\tilde{l}_{i,i+1} \sin(\tilde{\alpha}'_i + \tilde{\beta}'_i) \sin \tilde{\delta}'_i} \tag{52a}$$

eingeführt, so läßt sich wegen

$$\log(\tilde{l} + \Delta l) = \log \tilde{l} + M \frac{\Delta l}{\tilde{l}}, \quad \log \sin(\tilde{\alpha} + \alpha) = \log \sin \tilde{\alpha} + M \operatorname{ctg} \tilde{\alpha} \cdot \frac{\alpha}{\varrho}, \quad \text{usw.}$$

$$(M = \log e = 0{,}4343)$$

die erste Bedingung (51) wie folgt schreiben:

$$\begin{aligned} M \Big\{ \frac{\Delta l_{i-1,i}}{\tilde{l}_{i-1,i}} - \frac{\Delta l_{i,i+1}}{\tilde{l}_{i,i+1}} + [\operatorname{ctg} \tilde{\alpha}_i - \operatorname{ctg}(\tilde{\alpha}_i + \tilde{\beta}_i)] \frac{\alpha_i}{\varrho} - \operatorname{ctg}(\tilde{\alpha}_i + \tilde{\beta}_i) \frac{\beta_i}{\varrho} \\ + \operatorname{ctg}(\tilde{\gamma}_i + \tilde{\delta}_i) \frac{\gamma_i}{\varrho} - [\operatorname{ctg} \tilde{\delta}_i - \operatorname{ctg}(\tilde{\gamma}_i + \tilde{\delta}_i)] \frac{\delta_i}{\varrho} \Big\} + w_i = 0 \end{aligned} \tag{52b}$$

und die zweite Bedingung (51) in den gestrichenen Winkelgrößen analog. Dabei ist angenommen, daß die Winkeländerungen im Gradmaß ($\varrho = 3438' = 6366^c$) ausgedrückt werden.

Weiterhin betrachten wir jedoch nur schematische Ketten, welche sich aus Rauten gleicher, nicht unbedingt quadratischer Form aufbauen, und setzen daher

$$\tilde{\alpha}_i = \tilde{\delta}_i = \tilde{\alpha}'_i = \tilde{\delta}'_i = \vartheta; \qquad \tilde{\beta}_i = \tilde{\gamma}_i = \tilde{\beta}'_i = \tilde{\gamma}'_i = \frac{\pi}{2}; \qquad \tilde{l}_{i-1,i} = \tilde{l}_{i,i+1} = l.$$

Obige Gleichung lautet dann

$$\Delta l_{i-1,i} - \Delta l_{i,i+1} + \frac{2l}{\varrho \sin 2\vartheta} \alpha_i + \frac{l}{\varrho} \operatorname{tg}\vartheta \, \beta_i - \frac{l}{\varrho} \operatorname{tg}\vartheta \, \gamma_i - \frac{2l}{\varrho \sin 2\vartheta} \delta_i + \frac{l}{M} w_i = 0. \tag{52c}$$

Da man es in der Nadirtriangulation praktisch immer mit Richtungsbeobachtungen zu tun hat — vgl. [1, Kap. I, 1], müssen die Winkeländerungen auf Grund der aus Abb. 6 abzulesenden Beziehungen [1; Gl. (15)] durch die Verbesserungen der Richtungen ausgedrückt werden. Führt man noch zur Abkürzung

$$\frac{2l}{\varrho \sin 2\vartheta} = t, \quad \text{also} \quad \frac{l}{\varrho} \operatorname{tg}\vartheta = t \sin^2\vartheta \tag{53}$$

ein, sowie für die immer wiederkehrenden Kombinationen — s. [1, S. 71]

$$2\,[2 \sin^2\vartheta\,(1)_i - (2)_{i-1} - (8)_{i+1}] = \omega_i, \quad 2\,[2 \sin^2\vartheta\,(5)_i - (4)_{i-1} - (6)_{i+1}] = \omega'_i, \tag{54a}$$

mit den daraus sich ergebenden mittleren Fehlern

$$m^2(\omega_i) = m^2(\omega'_i) = 8\,(1 + 2 \sin^4\vartheta) \frac{\mu^2}{H}, \tag{54b}$$

so lassen sich schließlich die $2n$-Fehlerbedingungsgleichungen ($1 \leq i \leq n$) für eine Kette von n Rauten wie folgt darstellen:

$\Delta l_{i-1,i}$	$\Delta l_{i,i+1}$	$(3)_{i-1}$	$(3)_i$	ω_i	ω'_i	(7_i)	$(7)_{i+1}$		
$+1$	-1	$+t$	$-t\sin^2\vartheta$	$+\frac{t}{2}$		$-t\sin^2\vartheta$	$+t$	$+\frac{l}{M} w_i = 0,$	(55, i)
$+1$	-1	$-t$	$+t\sin^2\vartheta$		$-\frac{t}{2}$	$+t\sin^2\vartheta$	$-t$	$+\frac{l}{M} w'_i = 0.$	(55, i')

Um möglichst einfache Normalgleichungen zu erhalten, formen wir noch etwas um, und zwar addieren bzw. subtrahieren wir obige Bedingungen. Es ergibt sich dann

$\Delta l_{i-1,i}$	$\Delta l_{i,i+1}$	$(3)_{i-1}$	$(3)_i$	ω_i	ω_i'	$(7)_i$	$(7)_{i+1}$	$1 \leqq i \leqq n$	
$+1$	-1			$+\frac{t}{4}$	$-\frac{t}{4}$			$+\frac{l}{2M}(w_i + w_i') = 0\,,$	(56, 1)
		$+t$	$-t\sin^2\vartheta$	$+\frac{t}{4}$	$+\frac{t}{4}$	$-t\sin^2\vartheta$	$+t$	$+\frac{l}{2M}(w_i - w_i') = 0\,.$	(56, 2)

Falls man wieder die Nadire r und s als Festpunkte annimmt, tritt noch die Anschlußbedingung (36 a) hinzu, welche wegen $\cos(\bar{\lambda}_{i,i+1} - \sigma) \approx 1$ und bei Vernachlässigung der unbedeutenden Glieder $q_i \Delta\psi_i$ einfach lautet

$$\sum_{i=r}^{s-1} \Delta l_{i,i+1} + w = 0\,, \tag{56, 3}$$

wobei der Widerspruch w nach (36 b) mit Benutzung von (35 b) bzw. (30) berechnet werden muß; vgl. das Zahlenbeispiel S. 31 u.!

Bei Bildung der Normalkoeffizienten sind die verschiedenen Gewichte zu beachten, welche wir den reziproken mittleren Fehlerquadraten gleichsetzen wollen. Nach den zu Anfang dieses Kapitels getroffenen Abmachungen ist also das Gewicht $\frac{1}{m_l^2}$ für Δl, das Gewicht $\frac{N}{\mu^2}$ für die Verbesserungen (3), (7) — s. Abb. 6 —, ferner $\frac{1}{m^2(\omega)}$ gemäß (54 b) für ω, ω' zu nehmen. Außerdem ist zu berücksichtigen, daß z. B. die Verbesserung $\Delta l_{j,j+1}$ in zwei der Bedingungen (56, 1) auftritt, nämlich für $i = j$ und $i = j + 1$ und bei $r \leqq j \leqq s - 1$ auch noch in (56, 3). Ähnlich kommen z. B. $(3)_j$ nicht nur für $i = j$, sondern auch für $i = j + 1$ in (56, 2) vor und $(7)_j$ sowohl für $i = j$ als auch für $i = j - 1$. Man sieht unmittelbar, daß zwischen den Bedingungen (56, 2) und (56, 3) keine gegenseitigen Normalkoeffizienten vorhanden sind und erkennt leicht, daß solche auch zwischen den Scharen (56, 1) und (56, 2) nicht auftreten. Das Schema der Normalkoeffizienten C_{ik} sieht also wie folgt aus, wenn man eine den Bedingungsgleichungen (56; 1, 2, 3) entsprechende Gruppeneinteilung vornimmt;

$$\begin{matrix} C_{i_1 k_1} & 0 & C_{i_1 k_3} \\ 0 & C_{i_2 k_2} & 0 \\ C_{i_3 k_1} & 0 & C_{i_3 k_3} \end{matrix} \tag{57 a}$$

und die Rechnung liefert im einzelnen die Werte

$$\left.\begin{aligned}
C_{i_1 k_1} &= \begin{cases} 2 m_l^2 + \dfrac{1 + 2\sin^4\vartheta}{H}\, t^2 \mu^2 & \text{für } i_1 = k_1 \\ -m_l^2 & \text{,, } i_1 = k_1 \pm 1 \\ 0 \ \begin{array}{l}\text{bei } i_1 = 1,\ k_1 = 0 \text{ und } i_1 = n,\ k_1 = n + 1 \\ \text{sowie in allen übrigen Fällen.}\end{array} \end{cases} \\
C_{i_2 k_2} &= \begin{cases} \left[\dfrac{2(1 + \sin^4\vartheta)}{N} + \dfrac{1 + 2\sin^4\vartheta}{H}\right] t^2 \mu^2 & \text{für } i_2 = k_2 \\ -\dfrac{2}{N}\sin^2\vartheta\, t^2 \mu^2 & \text{,, } i_2 = k_2 \pm 1 \\ 0 \ \begin{array}{l}\text{bei } i_2 = 1,\ k_2 = 0 \text{ und } i_2 = n,\ k_2 = n + 1 \\ \text{sowie in allen übrigen Fällen.}\end{array} \end{cases} \\
C_{i_1 k_3} \ (\text{bzw. } C_{i_3 k_1}) &= \begin{cases} -m_l^2 \ \text{für } i_1 \ (\text{bzw. } k_1) = r_1 \\ +m_l^2 \ \text{,, } i_1 \ (\text{bzw. } k_1) = s_1 \\ 0 \ \text{in allen übrigen Fällen} \end{cases} \\
C_{i_3 k_3} &= (s - r) m_l^2
\end{aligned}\right\} \tag{57 b}$$

Es sei noch erwähnt, daß die Indizes i_1, i_2 der ersten bzw. zweiten Gruppe alle Werte von 1 bis n durchlaufen können, darunter auch die Nummern r, s der Anschlußnadire, — auch in diesem Fall fügen wir noch die Gruppenindizes 1, 2 an. Dagegen verkörpert i_3 nur die einzige Anschlußbedingung (56; 3).

Vor Bestimmung der Korrelaten dividieren wir die Normalgleichungen der ersten und dritten Gruppe durch m_l^2, jene der zweiten durch $\frac{2}{N}\sin^2\vartheta\, t^2\mu^2$, so daß diese folgendes Gesicht erhalten:

$$-K_{i_1-1}+P_1K_{i_1}-K_{i_1+1} \qquad + \begin{Bmatrix} -1 \text{ bei } i_1=r_1 \\ +1 \quad ,, \quad i_1=s_1 \\ 0 \text{ sonst} \end{Bmatrix} K_{i_3}+W_{i_1}=0 \quad (58;1)$$

$$-K_{i_2-1}+P_2K_{i_2}+K_{i_2+1} \qquad +W_{i_2}=0 \quad (58;2)$$

$$-K_{r_1}+K_{s_1} \qquad + \qquad (s-r)\;K_{i_3}+W_{i_3}=0 \quad (58;3)$$

worin

$$P_1=2+\frac{1+2\sin^4\vartheta}{H}\left(\frac{t\mu}{m_l}\right)^2, \qquad P_2=\frac{1+\sin^4\vartheta}{\sin^2\vartheta}+\frac{N}{H}\,\frac{1+\sin^4\vartheta}{2\sin^2\vartheta}; \tag{59 a}$$

$$W_{i_1}=\frac{l}{2Mm_l^2}(w_i+w_i'), \qquad W_{i_2}=\frac{Nl}{4M\sin^2\vartheta\, t^2\mu^2}(w_i-w_i'), \qquad W_{i_3}=\frac{w}{m_l^2}. \tag{59 b}$$

Wie schon unter (57 b) erwähnt, treten bei $i_1, i_2=1$ die ersten Glieder und bei $i_1, i_2=n$ die Glieder K_{i_1+1} in (58; 1) bzw. (58; 2) gar nicht auf; anders ausgedrückt: die Korrelaten K_0 und K_{n+1} existieren nicht und sind gleich Null zu setzen.

3. Allgemeine Lösung

Wir wenden uns zunächst der zweiten Gleichungsgruppe (58; 2) zu, welche immer bei der Richtungsausgleichung kettenartiger Gebilde auftritt. Am bekanntesten ist der Fall $P_2=3$ bei der einfachen Dreieckskette.

Kennt man die unbestimmte Auflösung dieser Gleichungen, d. h. die Inverse $\Gamma''_{h_2 i_2}$ zu der Koeffizientenmatrix von (58; 2), so ergeben sich damit bekanntlich auch die Korrelaten

$$K_{h_2}=-\Gamma''_{h_2 i_2}W_{i_2}=-\Gamma''_{h_2 1}W_1-\Gamma''_{h_2 2}W_2-\ldots\ldots-\Gamma''_{h_2 n}W_n. \tag{60}$$

Die Berechnung der $\Gamma''_{h_2 i_2}$ geschieht am schnellsten über die rekurrente Zahlenreihe U_{i_2}, welche von $i=1$ bis $i=n+2$ auf Grund des in (59 a) gegebenen Wertes P_2 nach folgendem Bildungsgesetz

$$U_1=1, \quad U_2=P_2, \quad \ldots.\; U_{i+1}=P_2U_i-U_{i-1} \tag{61 a}$$

aufgestellt und durch die Beziehung kontrolliert wird

$$\sum_{i=1}^{n+1}U_i=\frac{U_{n+2}-U_{n+1}-1}{P_2-2}. \tag{61 b}$$

Mit Hilfe dieser Zahlen U_i ergeben sich nämlich die erforderlichen $\Gamma''_{h_2 i_2}$ gemäß der Formel

$$\Gamma''_{h_2 i_2}=\frac{1}{U_{n+1}}\begin{cases} U_{h_2}U_{n+1-i_2} & \text{für } h_2\leqq i_2 \\ U_{i_2}U_{n+1-h_2} & ,, \quad h_2\geqq i_2 \end{cases} \qquad (1\leqq h_2, i_2\leqq n). \tag{62}$$

Es ist dabei zweckmäßig, die erste Kolonne ($i_2=1$) dieser Matrix zuerst und einige Stellen genauer zu bestimmen, weil ihre Glieder $\Gamma''_{h_2,1}=U_{n+1-h_2}:U_{n+1}$ bei Berechnung der übrigen Kolonnen als Faktoren benutzt werden können. Eine Kontrolle hat man in der Symmetrie zu beiden Diagonalen der $\Gamma''_{h_2 i_2}$-Matrix.

Es würde zu weit führen, auf die Begründung des hier dargelegten Verfahrens näher einzugehen; in dieser Hinsicht verweise ich auf [1, Kap. V].

Wenn in (58; 1) das Glied $+\frac{1}{m_l^2}\{C_{i_1 i_3}\} K_{i_3}$ zunächst vernachlässigt wird, kann diese Gleichungsgruppe genau so behandelt werden wie (58; 2); d. h. man ermittelt analog (61a, b) eine andere Zahlenreihe U_{i_1}, ausgehend von dem Grundwert P_1 in (59a) und stellt damit entsprechend (62) eine zweite Zahlenmatrix $\bar{\Gamma}_{h_1 i_1}$ auf. Freilich die damit errechneten Werte — vgl. (60) —

$$\bar{K}_{h_1} = -\bar{\Gamma}_{h_1 i_1} W_{i_1} = -\bar{\Gamma}_{h_1 1} W_1 - \bar{\Gamma}_{h_1 2} W_2 - \ldots - \bar{\Gamma}_{h_1 n} W_n \tag{63}$$

stellen nur Näherungen der in (58; 1) auftretenden Korrelaten K_{i_1} dar. Bei Berücksichtigung des oben vernachlässigten Zusatzgliedes gilt aber nach dem Boltzschen Entwicklungsverfahren, vgl. [4; Kap. VI, 1]

$$K_{h_1} = \bar{K}_{h_1} - \frac{1}{m_l^2} \bar{\Gamma}_{h_1 i_1} C_{i_1 i_3} K_{i_3} = \bar{K}_{h_1} + [\bar{\Gamma}_{h_1 r_1} - \bar{\Gamma}_{h_1 s_1}] K_{i_3}, \tag{64}$$

da sich wegen der Bedeutung von $C_{i_1 k_3}$ (57 b) die Produktsumme $\bar{\Gamma}_{h_1 i_1} C_{i_1 i_3}$ in der angegebenen Weise vereinfacht. Insbesondere ergibt sich für $h_1 = r_1$ bzw. $h_1 = s_1$

$$K_{r_1} = \bar{K}_{r_1} + [\bar{\Gamma}_{r_1 r_1} - \bar{\Gamma}_{r_1 s_1}] K_{i_3}, \qquad K_{s_1} = \bar{K}_{s_1} + [\bar{\Gamma}_{s_1 r_1} - \bar{\Gamma}_{s_1 s_1}] K_{i_3}.$$

Setzt man diese Werte in die letzte Normalgleichung (58; 3) ein, so kann man daraus K_{i_3} bestimmen, und zwar erhält man wegen $\bar{\Gamma}_{r_1 s_1} = \bar{\Gamma}_{s_1 r_1}$

$$K_{i_3} = \frac{\bar{K}_{r_1} - \bar{K}_{s_1} - W_{i_3}}{(s-r) - (\bar{\Gamma}_{r_1 r_1} - 2\bar{\Gamma}_{r_1 s_1} + \bar{\Gamma}_{s_1 s_1})}. \tag{65}$$

Substuiert man dieses in (64), so sind damit auch alle Korrelaten K_{h_1} bekannt.

Der Übergang zu den Verbesserungen geschieht in der üblichen Weise — vgl. [3, Bd. I, § 44], [1, Kap. I, 2b] — mit Heranziehung der Koeffizienten in den Bedingungsgleichungen (56; 1, 2, 3). Denkt man sich darin ω, ω' gemäß (54a) wieder durch die Originalrichtungen ausgedrückt, so ergeben sich mit Berücksichtigung der Gewichte schließlich die ausgeglichenen Verbesserungen

$$\left.\begin{aligned} (2)_{i-1} = (8)_{i+1} &= -\frac{t}{2}\frac{\mu^2}{H}(K_{i_1} + K_{i_2}), & (1)_i &= t \sin^2\vartheta \frac{\mu^2}{H}(K_{i_1} + K_{i_2}), \\ (4)_{i-1} = (6)_{i+1} &= \frac{t}{2}\frac{\mu^2}{H}(K_{i_1} - K_{i_2}), & (5)_i &= -t \sin^2\vartheta \frac{\mu^2}{H}(K_{i_1} - K_{i_2}); \end{aligned}\right\} \tag{66 a}$$

$$(3)_i = t\frac{\mu^2}{N}(K_{i_2+1} - \sin^2\vartheta\, K_{i_2}), \qquad (7)_i = t\frac{\mu^2}{N}(K_{i_2-1} - \sin^2\vartheta\, K_{i_2}); \tag{66 b}$$

$$\Delta l_{i,i+1} = m_l^2 (K_{i_1+1} - K_{i_1}) + \begin{cases} m_l^2 K_{i_3} & \text{für } r \leq i \leq s-1 \\ 0 & \text{,, } 1 \leq i < r \text{ und } s \leq i \leq n. \end{cases} \tag{66 c}$$

Die hier vorgeführte Rechnung gilt streng genommen nur für die schematische Rautenkette. Bei der praktischen Nadirtriangulation sind jedoch die einzelnen Rauten mehr oder weniger verschieden voneinander. Man darf daher keineswegs erwarten, daß die gemäß (66a, b, c) verbesserten Beobachtungen die Bedingungen (51) bzw. (56; 1, 2, 3) restlos erfüllen. Immerhin ist anzunehmen, daß die nach der geschilderten Ausgleichung noch verbleibenden Widersprüche wesentlich kleiner geworden sind und nach mehrfacher Wiederholung des Verfahrens schließlich ganz verschwinden; — vgl. das Zahlenbeispiel im übernächsten Abschnitt!

Ob es nicht einfacher ist, statt des beschriebenen Iterationsverfahrens von den streng gültigen Bedingungsgleichungen (52b) auszugehen, sämtliche Normalkoeffizienten zu berechnen, nachdem man alle Winkel durch Richtungsänderungen ausgedrückt hat und die $(2n+1)$-Normalgleichungen aufzulösen, mag dahingestellt bleiben und ist letzten Endes eine Frage der gewohnten Übung und des persönlichen Geschmacks. Es ist der Vorteil eines Approximationsverfahrens, daß es nach jeder Stufe abgebrochen werden kann, wenn die erreichte Näherung ausreichend genau erscheint und mit fortschreitender Rechnung diese wegen der kleiner werdenden numerischen Werte immer einfacher wird.

4. Fehlerbetrachtung

Das Gewicht einer Funktion der Beobachtungen wird bekanntlich in der Weise bestimmt [3, Bd. I, § 46], daß diese Funktion wie eine (fingierte) Bedingungsgleichung in dem Ausgleichungsprozeß behandelt wird. Da solch ein numerisch durchzuführendes Reduktionsverfahren alle Zusammenhänge verwischt, schlage ich einen mehr allgemeinen Weg zur Bestimmung von Längs- und Querfehlern der Nadirpunkte ein, wie er von mir [1, S. 7—9] aufgezeigt und dort mehrmals benutzt wurde. Danach gilt für den mittleren Fehler $m_{\mathfrak{F}}$ einer Funktion $\mathfrak{F}(l_\mathfrak{r})$ der Beobachtungen $l_\mathfrak{r}$ nach der strengen Ausgleichung

$$m_{\mathfrak{F}}^2 = M_{\mathfrak{F}}^2 - F_i \Gamma_{ij} F_j \qquad \text{mit } F_i = \sum_{\mathfrak{r}} m_\mathfrak{r}^2 \mathfrak{f}_\mathfrak{r} c_{\mathfrak{r}i}, \tag{67}$$

wo $M_{\mathfrak{F}}^2 = \sum_{\mathfrak{r}} m_\mathfrak{r}^2 \mathfrak{f}_\mathfrak{r}^2$ das mittlere Fehlerquadrat dieser Funktion nach einem vorläufigen Rechnungsweg ($\mathfrak{F} = \mathfrak{F}_0 + \sum_{\mathfrak{r}} \mathfrak{f}_\mathfrak{r} dl_\mathfrak{r}$) und $m_\mathfrak{r}$ die mittleren Fehler der Beobachtungen $l_\mathfrak{r}$ darstellen. $c_{\mathfrak{r}i}$ ist der Koeffizient von $dl_\mathfrak{r}$ in der i-ten Bedingungsgleichung und Γ_{ik} die Inverse zur Normalkoeffizientenmatrix.

Da die Betrachtung schematischer Ketten für die Fehlererrechnung vollkommen genügt, legen wir zur Ermittlung von Γ_{ik} die Normalkoeffizienten Matrix (57a) zugrunde und erhalten dafür nach entsprechender Aufteilung folgende Bestimmungs(=Gewichts)gleichungen:

$$C_{i_1k_1}\Gamma_{k_1q} \qquad + C_{i_1k_3}\Gamma_{k_3q} = I_{i_1q}, \tag{68; 1}$$

$$C_{i_2k_2}\Gamma_{k_2q} \qquad = I_{i_2q}, \tag{68; 2}$$

$$C_{i_3k_1}\Gamma_{k_1q} \qquad + C_{i_3k_3}\Gamma_{k_3q} = I_{i_3q}, \tag{68; 3}$$

worin q ein beliebiger Index aus einer der drei Gruppen sein kann und $I_{iq} = \begin{cases} 1 & \text{für } i = q \\ 0 & \text{,, } i \neq q \end{cases}$ die Einheitsmatrix darstellt. Aus (68; 2) der zweiten obiger Gleichungen folgt sofort — vgl. auch [4, Kap. VI, 4, S. 112ff.] —

$$\Gamma_{k_2q_1} = 0, \qquad \Gamma_{k_2q_2} = \frac{N}{2\sin^2\vartheta\, t^2 \mu^2}\, \Gamma''_{k_2q_2}, \qquad \Gamma_{k_2q_3} = 0; \tag{69; 2}$$

denn $\Gamma''_{k_2q_2}$ war die Inverse zur Koeffizientenmatrix von (58; 2), welche sich nur durch den angeführten Faktor von jener in (68; 2) unterscheidet und $\Gamma_{k_2q_1}$ bzw. $\Gamma_{k_2q_3}$ sind die einzigen Lösungen der homogenen Gleichungen, welche sich für $q = q_1$ bzw. $q = q_3$ aus (68; 2) ergeben. Ebenso folgt aus der Definition von $\overline{\Gamma}_{h_1i_1}$ (S. 24 o.), daß $\frac{1}{m_l^2}\,\overline{\Gamma}_{k_1q_1}$ die Inverse zur Matrix $C_{i_1k_1}$ ist. Multisummiert man daher (68; 1) mit dieser Inversen, so erhält man aus dieser Gleichungsgruppe mit Benutzung von (57b)

$$\Gamma_{h_1q} = \frac{1}{m_l^2}\,\overline{\Gamma}_{h_1q} - \frac{1}{m_l^2}\,\overline{\Gamma}_{h_1i_1} C_{i_1k_3}\Gamma_{k_3q} = \frac{1}{m_l^2}\,\overline{\Gamma}_{h_1q} + (\overline{\Gamma}_{h_1r_1} - \overline{\Gamma}_{h_1s_1})\,\Gamma_{k_3q}. \tag{69; 1}$$

Nach Substitution dieses Wertes in (68; 3) ergibt sich folgende Bestimmungsgleichung für Γ_{k_3q}

$$[C_{i_3k_3} + C_{i_3k_1}(\overline{\Gamma}_{k_1r_1} - \overline{\Gamma}_{k_1s_1})]\,\Gamma_{k_3q} = I_{i_3q} - \frac{1}{m_l^2}\, C_{i_3k_1}\overline{\Gamma}_{k_1q}$$

oder bei Berücksichtigung von (57b):

$$m_l^2\,[(s-r) - (\overline{\Gamma}_{s_1s_1} - 2\,\overline{\Gamma}_{s_1r_1} + \overline{\Gamma}_{r_1r_1})]\,\Gamma_{k_3q} = I_{i_3q} + (\overline{\Gamma}_{r_1q} - \overline{\Gamma}_{s_1q})$$

und hieraus für $q = q_1$ bzw. $q = q_2$, $q = q_3$ (im letzten Fall ist $I_{i_3 q_3} = 1$, da $i_3 = q_3$ der einzige Index in der dritten Gruppe, ferner $\bar{\Gamma}_{r_1 q_3} = \bar{\Gamma}_{s_1 q_3} = 0$, da die $\bar{\Gamma}$ nur innerhalb der ersten Gruppe existieren):

$$\left.\begin{aligned} m_l^2 \Gamma_{k_3 q_1} &= \frac{\bar{\Gamma}_{r_1 q_1} - \bar{\Gamma}_{s_1 q_1}}{(s-r) - (\bar{\Gamma}_{r_1 r_1} - 2\bar{\Gamma}_{r_1 s_1} + \bar{\Gamma}_{s_1 s_1})}, \\ \Gamma_{k_3 q_2} &= 0, \\ m_l^2 \Gamma_{k_3 q_3} &= \frac{1}{(s-r) - (\bar{\Gamma}_{r_1 r_1} - 2\bar{\Gamma}_{r_1 s_1} + \bar{\Gamma}_{s_1 s_1})}. \end{aligned}\right\} \quad (69;\,3)$$

Die für die Fehlerberechnung nach (67) notwendige Inverse Γ_{ik} ist in (69; 1, 2, 3) somit auf bereits bekannte Größen zurückgeführt.

Zwecks Aufstellung der $\mathfrak{f}_\mathfrak{r}$ in (67) müssen wir uns für einen vorläufigen Rechenweg bei Bestimmung von Längs- und Querfehlern entscheiden. Als solchen wählen wir den einfachsten, nämlich jenen nach der reinen Polygonzugsmessung; d. h. wir legen die Formeln (45 a, b) bzw. (46 a, b) zugrunde. Von den Fehlern der Festpunkte wollen wir dabei im folgenden absehen $(dx_r = dx_s = dy_r = dy_s = 0)$.

Den Inhalt dieser Formeln geben wir in kleinen Tabellen wieder, in welchen die Koeffizienten $\mathfrak{f}_\mathfrak{r}$ der darin auftretenden Beobachtungsgrößen unmittelbar in Erscheinung treten. In gleicher Zeile werden auch die Koeffizienten $c_{\mathfrak{r}i}$ aufgeführt, welche diese Beobachtungsgrößen in den Bedingungsgleichungen (56; 1, 2, 3) besitzen. Die Produktsummen F_i (67) und die vorläufigen Fehlerquadrate M_x^2 bzw. M_y^2, die wir entsprechend der getroffenen Wahl aus (47 a, b) bzw. (48 a, b) — dort mit m_x^2 bzw. m_y^2 bezeichnet — entnehmen, sind ebenfalls mit angegeben. Bei der doppelten Produktsumme $F_i \Gamma_{ij} F_j$ in (67) zur Berechnung der Minderung ΔM^2 der Fehlerquadrate M^2 infolge der Ausgleichung ist beide Male über sämtliche Indizes aller drei Gruppen von Bedingungsgleichungen zu summieren. Den Gruppenindex behalten wir daher zur Unterscheidung bei.

Wir beginnen mit dem Längsfehler. Nach (45 a) bzw. (46 a) haben die Beobachtungsgrößen dl folgende Koeffizienten:

	bei $r < k < s$: $\mathfrak{f}_\mathfrak{r} = \frac{1}{s-r} \times$							bei $k > s$: $\mathfrak{f}_\mathfrak{r} =$					$c_{\mathfrak{r}i}$ nach (56;		
	$i<r$	$i=r$	$r<i<k$	$i=k$	$k<i<s$	$i=s$	$i>s$	$i<s$	$i=s$	$s<i<k$	$i=k$	$i>k$	1)	2)	3)
$dl_{i-1,i}$	0	0	$s-k$	$s-k$	$-(k-r)$	$-(k-r)$	0	0	0	+1	+1	0	+1	0	0
$dl_{i,i+1}$	0	$s-k$	$s-k$	$-(k-r)$	$-(k-r)$	0	0	0	+1	+1	0	0	−1	0	+1 bei $r \leqq i < s$, sonst 0
$F_{i_1} = m_l^2 \times$	0	$-\frac{s-k}{s-r}$	0	$\frac{s-r}{s-r}$	0	$-\frac{k-r}{s-r}$	0	0	−1	0	+1	0			
F_{i_2}	0	0	0	0	0	0	0	0	0	0	0	0			
$F_{i_3} = m_l^2 \times$	0	$\frac{(k-r)(s-k)}{s-r}$		$-\frac{(s-k)(k-r)}{s-r}$		0	0	0	0	0	0	0	$=0$		
$M_x^2(k)$	$\frac{(s-k)(k-r)}{s-r} m_l^2$							$(k-s)\, m_l^2$					nach (47 a) bzw. (48 a)		
ΔM_x^2	$\begin{bmatrix} (s-k)^2 \Gamma_{r_1 r_1} - 2(s-r)(k-r)\Gamma_{k_1 s_1} \\ +(s-r)^2 \Gamma_{k_1 k_1} + 2(s-k)(k-r)\Gamma_{r_1 s_1} \\ +(k-r)^2 \Gamma_{s_1 s_1} - 2(s-k)(s-r)\Gamma_{r_1 k_1} \end{bmatrix} \frac{m_l^4}{(s-r)^2}$							$[\Gamma_{s_1 s_1} - 2\Gamma_{s_1 k_1} + \Gamma_{k_1 k_1}]\, m_l^4$					(70)		

Für die Gewichtskoeffizienten $\Gamma_{h_1 q_1}$ sind hierin die Werte nach (69; 1 und 3) einzusetzen.

Zur Kontrolle werde noch ein zweiter Weg eingeschlagen, indem wir nämlich den einfachen Rautenaufbau (ohne Streckenmessung) unserer vorläufigen Rechnung zugrunde legen.

Nach den in meiner früheren Arbeit [1; Gl. (39 C) und 126 a, b)] entwickelten Formeln gilt in diesem Fall

$$\text{bei } \begin{array}{c} b \quad c \quad d \\ \hline r < s < k \\ r < k < s \end{array} \quad dx_k = \pm \frac{l}{(s-r)\varrho \sin 2\vartheta}\left[(d-c)\sum_{i=b}^{c-1}(i-b)\frac{\omega_i - \omega_i'}{2} + (c-b)\sum_{i=c}^{d-1}(d-i)\frac{\omega_i - \omega_i'}{2}\right]. \quad (71\,\text{a})$$

Je nachdem der Nadir N_k außerhalb oder zwischen N_r und N_s liegt, ergibt sich die vorgeschriebene Bedeutung von b, c, d bzw. das obere oder untere Vorzeichen. Zur Bestimmung der F_i bedienen wir uns wieder der Tabellenform und greifen wegen $m^2(\omega)$ auf (54 b) zurück.

	$f_\tau = \frac{l}{2(s-r)\varrho \sin 2\vartheta} \times$				$c_{\tau i}$ nach (56;		
	$i < b$	$b \leqq i < c$	$c \leqq i < d$	$i \geqq d$	1)	2)	3)
ω_i	0	$\pm(d-c)(i-b)$	$\pm(c-b)(d-i)$	0	$+\frac{t}{4}$	$+\frac{t}{4}$	0
ω_i'	0	$\mp(d-c)(i-b)$	$\mp(c-b)(d-i)$	0	$-\frac{t}{4}$	$+\frac{t}{4}$	0
F_{i_1}	0	$\pm(d-c)(i-b)$	$\pm(c-b)(d-i)$	0	$\times \frac{2tl(1+2\sin^4\vartheta)\mu^2}{(s-r)H\varrho \sin 2\vartheta}$		
F_{i_2}	0	0	0	0			
F_{i_3}	0	0	0	0	$= 0$		

Der vorläufige mittlere Fehler bei diesem Rechenweg ergibt sich auf Grund des Fehlerfortpflanzungsgesetzes aus (71 a) — vgl. auch [1; Kap. III, 2 und die Zusätze für nicht quadratische Rauten in Kap. IX]:

$$M_x^2(k) = \frac{2(d-c)(c-b)+1}{H(s-r)^2}(d-b)(d-c)(c-b)\frac{2(1+2\sin^4\vartheta)}{3\sin^2 2\vartheta}\left(\frac{l\mu}{\varrho}\right)^2. \quad (71\,\text{b})$$

Durch die Ausgleichung wird dieser Betrag um $F_i \Gamma_{ij} F_j$ kleiner, und zwar erhält man dafür nach obiger Tabelle und mit Benutzung von t aus (53):

$$\begin{aligned} \Delta M_x^2(k) = F_{i_1}\Gamma_{i_1 j_1}F_{j_1} = \left[4\left(\frac{l\mu}{\varrho}\right)^2 \frac{1+2\sin^4\vartheta}{H(s-r)\sin^2 2\vartheta}\right]^2 \Bigg\{(d-c)^2 \sum_{i_1=b}^{c-1}\sum_{j_1=b}^{c-1}(i_1-b)(j_1-b)\Gamma_{i_1 j_1} \\ + 2(d-c)(c-b)\sum_{i_1=b}^{c-1}\sum_{j_1=c}^{d-1}(i_1-b)(d-j_1)\Gamma_{i_1 j_1} + (c-b)^2\sum_{i_1=c}^{d-1}\sum_{j_1=c}^{d-1}(d-i_1)(d-j_1)\Gamma_{i_1 j_1}\Bigg\}. \end{aligned} \quad (72)$$

Die numerische Übereinstimmung der beiden Ausdrücke (47 a), (48 a) und (70) bzw. (71 b) und (72) für den mittleren Fehler $m_x = \sqrt{M_x^2 - \Delta M_x^2}$ nach der Ausgleichung werde ich an Hand des Zahlenbeispiels im nächsten Kapitel demonstrieren.

Für die Koordinate quer zur Flugrichtung ergab sich sowohl für den reinen Rautenaufbau [1, Gl. (43 ABC)], wie auch für die Polygonierung (45 b), (46 b) das nämliche Differential dy_k, da ja gemäß Abb. 6 $d\psi_i = (3)_i - (7)_i$ ist. Wir übernehmen die allgemein gültige erste Formel

$$dy_k = \pm \frac{l}{(s-r)\varrho}\left\{(d-c)\sum_{i=b}^{c-1}(i-b)[(3)_i-(7)_i] + (c-b)\sum_{i=b}^{d-1}(d-i)[(3)_i-(7)_i]\right\} \text{ bei } \begin{array}{c} b \quad c \quad d \\ \hline r<s<k \\ r<k<s \end{array}, \quad (73\,\text{a})$$

welche wir der folgenden Tabelle zugrunde legen. Das doppelte Auftreten der Beobachtungsgrößen (3) und (7) in den Bedingungsgleichungen (56; 2) bestimmt hier die weitläufige Unterteilung. Es sei noch bemerkt, daß der in verschiedene Bereiche aufgespaltene Index i sich sowohl auf die Beobachtungsgrößen dl_τ (hier 3_{i-1}, 3_i, 7_i, 7_{i+1}), deren Koeffizienten f_τ tabuliert sind, als auch auf F_{i_1} und F_{i_2} bezieht, dagegen auf F_{i_3} nur insofern als die Teilsummen von F_{i_3} getrennt aufgeführt sind.

					$f_\tau =$
	$i < b$	$i = b$	$i = b+1$	$b+1 < i < c-1$	$i = c-1$
$(3)_{i-1}$	0	0	0	$\pm(d-c)(i-b-1)$	$\pm(d-c)(c-b-2)$
$(3)_i$	0	0	$\pm(d-c)$	$\pm(d-c)(i-b)$	$\pm(d-c)(c-b-1)$
$(7)_i$	0	0	$\mp(d-c)$	$\mp(d-c)(i-b)$	$\mp(d-c)(c-b-1)$
$(7)_{i+1}$	0	$\mp(d-c)$	$\mp 2(d-c)$	$\mp(d-c)(i-b+1)$	$\mp(c-b)(d-c)$
F_{i_1}	0	0	0	0	0
F_{i_2}	0	$\mp(d-c)$	$\mp 2(d-c)$	$\mp 2(d-c)$	$\mp 2(d-c)$
oder					
F_{i_2}	0	$\mp(d-c)$		$\mp 2(d-c)$	
F_{i_3}	0	0	0	0	0

Auch der vorläufige mittlere Fehler M_y ergibt sich wegen $m_\psi^2 = \frac{2\mu^2}{N}$ übereinstimmend aus (47 b), (48 b) und [1, Gl. (49 ABCD)], nämlich

$$M_y^2(k) = \frac{2(d-c)(c-b)+1}{3N(s-r)^2}(d-b)(d-c)(c-b)\left(\frac{l\mu}{\varrho}\right)^2, \tag{73 b}$$

und auf Grund von (67) und unserer Tabelle verringert sich dieser Betrag um

$$\varDelta M_y^2(k) = F_{i_2}\Gamma_{i_2 j_2}F_{j_2} = \left[\frac{2}{(s-r)N\sin 2\vartheta}\left(\frac{l\mu}{\varrho}\right)^2\right]^2 \cdot \sum_{i_2=b}^{d}\sum_{j_2=b}^{d} A_{i_2 j_2}\Gamma_{i_2 j_2}, \tag{74 a}$$

worin der Faktor $A_{i_2 j_2}$ folgende Bedeutung hat:

$A_{i_2 j_2} =$ (74 b)

$j = b$	$b < j < c$	$j = c$	$c < j < d$	$j = d$	bei
$(d-c)^2$	$2(d-c)^2$	$(d-c)(d+b-2c)$	$-2(d-c)(c-b)$	$-(d-c)(c-b)$	$i = b$
$2(d-c)^2$	$4(d-c)^2$	$2(d-c)(d+b-2c)$	$-4(d-c)(c-b)$	$-2(d-c)(c-b)$	$b < i < c$
$(d-c)(d+b-2c)$	$2(d-c)(d+b-2c)$	$(d+b-2c)^2$	$-2(d+b-2c)(c-b)$	$-(d+b-2c)(c-b)$	$i = c$
$-2(d-c)(c-b)$	$-4(d-c)(c-b)$	$-2(d+b-2c)(c-b)$	$4(c-b)^2$	$2(c-b)^2$	$c < i < d$
$-(d-c)(c-b)$	$-2(d-c)(c-b)$	$-(d+b-2c)(c-b)$	$2(c-b)^2$	$(c-b)^2$	$i = d$

Da wir an Stelle der $\Gamma_{i_2 j_2}$ die $\Gamma''_{i_2 j_2}$ (62) zur Verfügung haben, muß noch (69; 2) berücksichtigt werden; mit Benutzung von (53) erhält man dann

$$\varDelta M_y^2(k) = \frac{1}{2N}\left[\frac{1}{(s-r)\sin\vartheta}\left(\frac{l\mu}{\varrho}\right)\right]^2 \sum_{i_2=b}^{d}\sum_{j_2=b}^{d} A_{i_2 j_2}\Gamma''_{i_2 j_2}. \tag{74 c}$$

5. Zahlenbeispiel

Ich greife wie bereits in meiner früheren Arbeit [1, S. 73 ff.] auf die von Buchholtz [5] mit einem Winkeltransporteur ausgewertete Triangulation zurück (s. Abb. 7). Allerdings setze ich neben der fingierten, optimalen ($N = 1$, $H = 3$) Richtungsbeobachtung hier auch eine fingierte Längenmessung des Nadirpolygons voraus und nehme außerdem an, daß die Kette zwischen den Nadiren $r = 0$ und $s = 6$ als Festpunkte einzuhängen ist, deren Koordinaten und somit auch Länge S und Richtung σ ihrer Verbindungslinie gegeben seien, und zwar

$$x_6 - x_0 = +20\,221{,}0, \quad y_6 - y_0 = +3475{,}6; \qquad S = 20517{,}5, \quad \sigma = 9^0\,45{,}'2.$$

Die Richtungsbeobachtungen und ihre Mittel sind in Tab. 1 — vgl. [1; S. 74] —, die aus dem Rechenformular in Kap. III, 2b hervorgegangenen Auswertungsergebnisse l_1 und l_2 der Längen-

$\frac{l}{(s-r)\varrho} \times$					c_{ri}*) nach (56;		
$i = c$	$c < i < d-1$	$i = d-1$	$i = d$	$i > d$	1)	2)	3)
$\pm (d-c)(c-b-1)$	$\pm (c-b)(d-i+1)$	$\pm 2(c-b)$	$\pm (c-b)$	0	0	$+t$	0
$\pm (c-b)(d-c)$	$\pm (c-b)(d-i)$	$\pm (c-b)$	0	0	0	$-t \sin^2\vartheta$	0
$\mp (c-b)(d-c)$	$\mp (c-b)(d-i)$	$\mp (c-b)$	0	0	0	$-t \sin^2\vartheta$	0
$\mp (c-b)(d-c-1)$	$\mp (c-b)(d-i-1)$	0	0	0	0	$+t$	0
0	0	0	0	0			
$\mp [(d-c)-(c-b)]$	$\pm 2(c-b)$	$\pm 2(c-b)$	$\pm (c-b)$	0	$\times$	$\frac{t l \mu^2}{(s-r)\varrho N}$	
$\mp (d+b-2c)$	$\pm 2(c-b)$		$\pm (c-b)$	0	$\times$	$\frac{2}{(s-r) N \sin 2\vartheta} \left(\frac{l\mu}{\varrho}\right)^2$	
0	0	0	0	0	$= 0$		

messung in Tab. 2 zusammengestellt. Neben ihrem Mittel $\tilde{l}$ sind auch die Abweichungen $\Delta l = l_1 - \tilde{l} = \tilde{l} - l_2$ berechnet, deren quadratischer Mittelwert m_l^2 im folgenden als Genauigkeitsmaß der Längenmessung benutzt wurde. Falls eine anderweitige zuverlässige Gewichtsangabe vorliegt, etwa auf Grund von Überlegungen ähnlicher Art wie in Kap. II, wird man

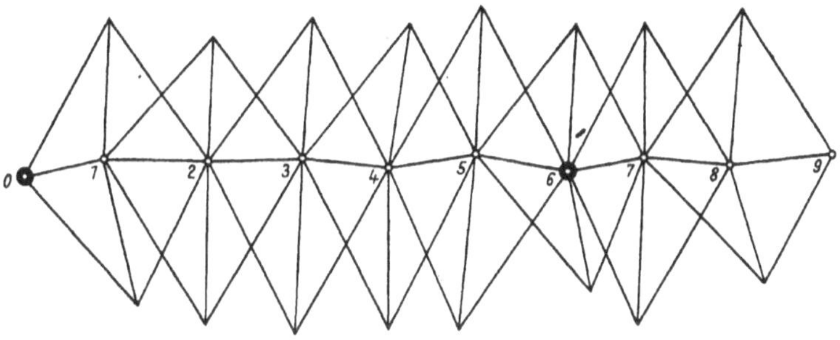

Abb. 7

auf obige Nebenrechnung natürlich verzichten. Beim Aufschlagen von $\log \tilde{l}$ werden gleichzeitig die Tafeldifferenzen Δ notiert; genauer findet man durch Rechnung in Einheiten der 5. Stelle $\Delta = 10^5 M : \tilde{l} = 43429 : \tilde{l}$, bezogen auf die Änderung von $1 m$ in $\tilde{l}$.

Aus den Richtungsmitteln müssen sämtliche Rautenwinkel gemäß [1; Gl. (15)], siehe auch Abb. 6, gebildet werden, welche zum Durchrechnen der Kette erforderlich sind. Ähnlich früher [1; Tab. 15] wählen wir in Tab. 3 die Reihenfolge β, α, $\alpha + \beta$, $\gamma + \delta$, δ, γ unter Spalte A, und β', α', $\alpha' + \beta'$, $\gamma' + \delta'$, δ', γ' unter Spalte A' und geben in gleicher Zeile die zugehörigen log sin bzw. ihre dekadische Ergänzung (E). Beim Aufschlagen notieren wir aus der Logarithmentafel gleichzeitig wieder die Differenzen Δ, welche sich auf die Änderung von $+ 1'$ beziehen, vgl. [1, S. 75 unten], und auch durch Rechnung gefunden werden können: $\Delta_A = \operatorname{ctg} A \frac{M}{\varrho} 10^5 = 12{,}63 \operatorname{cotg} A$. Die Winkel selbst werden mittels Spalte $A + A'$ kontrolliert; einerseits muß nämlich $(\beta + \beta') + (\gamma + \gamma') = 360^0$ und andererseits $(\alpha + \alpha') = (4) - (2)$, $(\delta + \delta') = (8) - (6)$ sein.

Die in Spalte A und A' gebildeten Logarithmensummen $\ddot{u}$ bzw. $\ddot{u}'$ (Übertragungsfaktoren) dienen zusammen mit den aus Tab. 2 gerechneten Werten von $\varkappa_i = \log (l_{i-1,i} : l_{i,i+1})$ zur Berechnung der Widersprüche $w = \varkappa + \ddot{u}$ bzw. $w' = \varkappa + \ddot{u}'$ gemäß (52a). Wir tragen sie in Tab. 4 ein, in deren Kopf auch sämtliche Zahlenwerte zusammengestellt sind, welche während der weiteren

*) In Zusammenstellung (92b) auf S. 48/49 meiner früheren Arbeit [1] müssen die Koeffizienten c_{ri} für $i = a-1$ bzw. $i = z+1$ natürlich verschwinden, weil Bedingungen nur im Bereich $a \leqq i \leqq z$ vorliegen. Die gesonderte Behandlung der Fälle $b = a-1$ und $d = z+1$ ist dort und in Zusammenstellung (95) daher überflüssig. Weitere Änderungen hat dies jedoch nicht zur Folge.

Tabelle 1

Nadir	Richtung	Ziel	Beobachtungen					$\Delta^1 v$	$\Delta^2 v$	$\Delta^3 v$	v	ausgeglichene Richtung	
				I	II	III	Mittel						
				'	'	'							'
	(2)	H_1	126°	32.5	35.9	34.4	34.27	—0.52	+0.01	—0.01	—0.52	126°	35.9
N_0	(3)	N_1	176	12.3	—	—	12.3	+1.58	—0.27	+0.02	+1.33	176	15.7
	(4)	H'_1	237	47.0	45.9	49.7	47.53	0.00	+0.08	0.00	+0.08	237	49.7
	(1)	H_1	99	2.9	4.1	0.2	2.40	+0.75	—0.02	+0.01	+0.74	99	23.7
	(2)	H_2	142	21.2	17.8	17.0	18.67	—0.24	+0.01	0.00	—0.23	142	39.1
	(3)	N_2	190	54.0	—	—	54.0	+1.94	+0.07	+0.01	+2.02	191	16.6
N_1	(4)	H'_2	248	18.3	20.0	16.7	18.33	—0.78	+0.03	—0.01	—0.76	248	38.1
	(5)	H'_1	266	40.0	40.3	45.6	41.97	0.00	—0.11	0.00	—0.11	267	2.5
	(7)	N_0	355	56.0	—	—	56.0	—1.12	+0.19	—0.01	—0.94	356	15.7
	(1)	H_2	101	48.4	45.3	46.0	46.57	+0.34	—0.02	0.00	+0.32	102	12.6
	(2)	H_3	137	14.3	10.7	14.8	13.27	—0.16	—0.03	0.00	—0.19	137	38.8
	(3)	N_3	188	27.5	—	—	27.5	+1.83	—0.04	+0.01	+1.80	188	55.0
N_2	(4)	H'_3	252	37.1	38.6	40.4	38.70	—1.17	+0.07	+0.01	+1.11	253	3.3
	(5)	H'_2	281	46.6	42.6	41.4	43.53	+1.11	—0.04	+0.01	+1.08	282	10.3
	(6)	H_1	306	10.4	8.7	4.5	7.87	0.00	+0.08	0.00	+0.08	306	33.7
	(7)	N_1	10	51.7	—	—	51.7	—0.59	—0.18	0.00	—0.77	11	16.6
	(8)	H_1	62	27.9	22.1	25.9	25.30	—0.52	+0.01	—0.01	—0.52	62	50.5
	(1)	H_3	103	23.0	20.6	17.6	20.40	+0.23	+0.05	0.00	+0.28	104	10.4
	(2)	H_4	139	53.2	55.1	51.5	53.27	—0.99	—0.12	+0.01	—1.10	140	41.9
	(3)	N_4	193	39.2	—	—	39.2	+3.02	—0.08	+0.01	+2.95	194	31.9
N_3	(4)	H'_4	252	16.8	15.1	12.6	14.83	—0.96	+0.17	—0.02	—0.81	253	3.7
	(5)	H'_3	282	49.9	53.2	49.6	50.90	+1.66	—0.11	+0.01	+1.56	283	42.2
	(6)	H'_2	311	52.9	51.0	54.2	52.70	—0.78	—0.03	—0.01	—0.76	312	41.6
	(7)	N_2	8	5.1	—	—	5.1	+0.21	—0.04	0.00	+0.17	8	55.0
	(8)	H_2	61	16.2	18.3	13.3	15.93	—0.24	+0.01	0.00	—0.23	62	5.4
	(1)	H_4	109	10.2	14.9	11.1	12.07	+1.41	+0.16	—0.02	+1.55	109	34.3
	(2)	H_5	132	30.5	32.3	27.4	30.07	+0.14	—0.16	+0.02	0.00	132	50.8
	(3)	N_5	183	31.1	—	—	31.1	—1.72	+0.16	—0.02	—1.58	183	50.2
N_4	(4)	H'_5	257	27.0	28.4	31.1	28.83	—0.96	+0.15	—0.02	—0.83	257	48.7
	(5)	H'_4	280	58.8	62.2	60.9	60.63	+1.37	—0.24	+0.03	+1.16	281	22.5
	(6)	H'_3	311	7.0	8.1	11.3	8.80	—1.17	+0.07	—0.01	—1.11	311	28.4
	(7)	N_3	14	11.4	—	—	11.4	—0.16	—0.01	0.00	—0.17	14	31.9
	(8)	H_3	70	52.1	47.6	48.7	49.47	—0.16	—0.03	0.00	—0.19	71	10.0
	(1)	H_5	104	6.5	8.2	4.7	6.47	—0.20	+0.23	—0.03	0.00	103	53.0
	(2)	H_6	142	0.7	58.0	1.6	0.10	+0.53	—0.13	+0.02	+0.42	141	47.0
	(3)	N_6	201	51.0	—	—	51.0	+1.32	—0.09	+0.02	+1.25	201	38.7
N_5	(4)	H'_6	241	24.8	29.4	27.6	27.27	—1.55	+0.15	—0.02	—1.42	241	12.3
	(5)	H'_5	288	32.0	30.2	27.9	30.03	+1.36	—0.21	+0.02	+1.17	288	17.7
	(6)	H'_4	309	2.8	4.4	6.4	4.53	—0.96	+0.17	—0.02	—0.81	308	50.2
	(7)	N_4	3	59.7	—	—	59.7	+4.12	—0.19	+0.03	+3.96	3	50.2
	(8)	H_4	72	40.9	42.8	39.1	40.93	—0.99	—0.12	+0.01	—1.10	72	26.3
	(1)	H_6	105	33.2	28.9	30.2	30.77	—0.76	+0.18	—0.02	—0.60	105	34.1
	(2)	H_7	130	48.3	46.0	43.8	46.03	—0.06	—0.02	0.00	—0.08	130	49.8
	(3)	N_7	182	47.6	—	—	47.6	—0.06	+0.09	—0.01	+0.02	182	51.5
N_6	(4)	H'_7	254	53.0	57.9	55.8	55.57	—0.64	+0.01	0.00	—0.63	254	58.9
	(5)	H'_6	271	32.5	32.9	28.2	31.20	+2.21	—0.21	+0.03	+2.03	271	37.1
	(6)	H'_5	318	4.9	6.5	9.8	7.07	—0.96	+0.15	—0.02	—0.83	318	10.2
	(7)	N_5	21	34.4	—	—	34.4	+0.28	+0.09	—0.01	+0.36	21	38.7
	(8)	H_5	72	53.5	58.7	55.1	55.77	+0.14	—0.16	+0.02	0.00	72	59.7

Tabelle 1 (Fortsetzung)

Nadir	Richtung	Ziel	Beobachtungen	I	II	III	Mittel	$\Delta^1 v$	$\Delta^2 v$	$\Delta^3 v$	v	ausgeglichene Richtung	
N_7	(1)	H_7	101°	31.'0	31.'9	26.'8	29.90	+0.09	+0.03	0.00	+0.12	101°	41.'3
	(2)	H_8	134	39.8	43.1	43.9	41.93	−0.20	−0.02	0.00	−0.22	134	53.0
	(3)	N_8	194	29.1	—	—	29.1	−0.43	+0.15	+0.01	−0.27	194	40.1
	(4)	H'_8	235	35.6	30.3	35.9	33.93	−0.16	−0.04	0.00	−0.20	235	45.0
	(5)	H'_7	283	20.5	25.7	23.8	23.33	+0.01	−0.01	0.00	+0.90	283	35.1
	(6)	H'_6	305	30.8	32.9	35.5	33.07	−1.55	+0.15	−0.02	−1.42	305	43.0
	(7)	N_6	2	38.7	—	—	38.7	+1.56	−0.10	+0.01	+1.47	2	51.5
	(8)	H_6	72	42.8	42.7	47.4	44.30	+0.53	−0.13	+0.02	+0.42	72	55.0
N_8	(1)	H_8	104	47.0	47.4	52.1	48.83	+0.28	+0.03	0.00	+0.31	105	25.5
	(3)	N_9	186	50.7	—	—	50.7	−0.76	−0.13	0.01	−0.90	187	26.2
	(5)	H'_8	263	55.8	56.3	59.9	57.33	+0.23	+0.06	0.00	+0.29	264	34.0
	(6)	H'_7	312	5.6	1.8	0.7	2.60	−0.64	+0.01	0.00	−0.63	312	38.4
	(7)	N_7	14	2.4	—	—	2.4	+1.36	−0.08	0.00	+1.28	14	40.1
	(8)	H_7	68	3.7	0.1	58.2	0.67	−0.06	−0.02	0.00	−0.08	68	37.0
N_9	(6)	H'_8	311	13.6	14.4	18.6	15.53	−0.16	−0.04	0.00	−0.20	311	20.8
	(7)	N_8	7	19.4	—	—	19.4	+1.07	+0.08	+0.01	+1.26	7	26.2
	(8)	H_8	68	36.5	37.8	41.5	38.60	−0.20	−0.02	0.00	−0.22	68	43.9
Summen-Kontrollen				$(2)_{i-1} = (8)_{i+1}$				−1.50	−0.46	+0.04	−1.92	$\sum pv^2$	
				$(4)_{i-1} = (6)_{i+1}$				−6.22	+0.62	−0.08	−5.68	10.400	
				$(1)_i$				+2.14	+0.64	−0.06	+2.72		
				$(5)_i$				+8.85	−0.87	+0.10	+8.08		
				$(3)_i$				+6.72	−0.14	+0.04	+6.62		
				$(7)_i$				+6.73	−0.14	+0.03	+6.62		

Rechnung benötigt werden. Beispielsweise findet man dort die Faktoren zur Berechnung der Widersprüche W_{i_1}, W_{i_2} (59 b) und der Verbesserungen (66 a, b, c).

Im übrigen halten wir uns genau an das in Kap. V, 3 beschriebene Lösungsverfahren durch schrittweise Annäherung. Auf Grund der Werte P_1 und P_2, welche nach (59 a) berechnet und in Tab. 4 eingeschrieben werden, stellen wir zunächst die Zahlenreihen U_{i_1} und U_{i_2} auf (Tab. 5 a und 6 a) und mit deren Hilfe, wie früher geschildert, die Tab. 5 b und 6 b der Koeffizienten $\bar{\Gamma}_{h_1 q_1}$ bzw. $\Gamma''_{h_2 q_2}$. Damit erhält man gemäß (60) und (63) die Korrelatenwerte K_{h_1} und K_{h_2}; z. B. ist

$$\bar{K}_5 = -\Gamma_{5,q_1} W_{q_1} = +\,0{,}0378 \cdot 0{,}1922 - 0{,}0924 \cdot 0{,}0903 - 0{,}1880 : 0{,}2031 + 0{,}3668 \cdot 0{,}2276$$
$$- 0{,}7080 \cdot 0{,}0649 - 0{,}3629 \cdot 0{,}4169 + 0{,}1784 \cdot 0{,}0678 + 0{,}0730 \cdot 0{,}0699 = -\,0{,}13582\,.$$

Die Rechenergebnisse werden in Tab. 4 eingetragen und in der üblichen Weise durch Summenkontrollen gesichert.

Bevor wir weitergehen, muß erst der Widerspruch w in der Anschlußbedingung (56; 3) bzw. W_{i_3} in (58; 3) ermittelt werden. Da genügend genaue Näherungsrichtungen nicht bekannt sind, ist eine vorläufige Durchrechnung des Kettenstücks zwischen N_r und N_s unerläßlich. Als Ausgangsrichtung nimmt man für die erste Seite $N_0 N_1$ am einfachsten die gegebene Richtung σ der Festpunktsstrecke $N_r N_s$ und rechnet die vorläufigen Richtungen $\tilde{\lambda}$ (Tab. 2) der übrigen Seiten mit Hilfe der Winkel β und γ (zur Kontrolle mit β' und γ') aus Tab. 3. Nimmt man die Beobachtungswerte $\bar{l}$ aus Tab. 2 für die Seitenlängen, so ergibt sich

$$\sum_{i=0}^{6} \bar{l}_{i,i+1} \sin \tilde{\lambda}_{i,i+1} = 8093.9; \qquad \sum_{i=0}^{6} \bar{l}_{i,i+1} \cos \tilde{\lambda}_{i,i+1} = 18911{,}1\,.$$

Damit erhält man für die Richtung und Länge dieses vorläufig gerechneten Kettenstücks $\tilde{\sigma} = 13^0\,10{,}'2$, $\tilde{S} = 20570{,}4$, so daß mit dem eingangs gegebenen Wert von S unmittelbar für den Widerspruch

Tabelle 2

$i, i+1$	l_1	l_2	$\bar{l}$	Δl	$\log l$	Δ	vorl. Richtung	$\Delta^1 v$	$\Delta^1 \log l$	$\Delta^2 v$	$\Delta^2 \log l$	$\Delta^3 v$	$\Delta^3 \log l$	v	$l+v$	$\log(l+v)$
0.1	3 052.3	3 033.7	3 043.0	+ 9.3	3.483 30	14.28	9° 45.2	— 0.12	— 1.7	+0.21	+ 3.0	+0.11	+1.6	+ 0.20	3 043,2	3.483 33
1.2	3.865.4	3 885.8	3 875.6	—10.2	3.588 34	11.27	24 43.2	—16.05	—179.8	—0.99	—11.1	—0.08	—0.9	—17.12	3 858,5	3.586 42
2.3	3 611.0	3 595.2	3 603.1	+ 7.9	3.556 67	12.09	22 19.0	— 9.90	—119.8	+0.46	+ 5.6	+0.03	+0.4	— 9.41	3 593,7	3.555 54
3.4	3 304.7	3 313.3	3 309.0	— 4.3	3.519 70	13.09	27 53.1	+ 4.93	+ 65.1	+1.38	+18.2	—0.13	—1.7	+ 6.18	3 315,2	3.520 51
4.5	3 390.8	3 356.6	3 373.7	+17.1	3.528 11	12.93	17 12,8	—16.55	—213.5	—0.29	— 3.7	+0.01	+0.1	—16.83	3 356,9	3.525 94
5.6	3 544.4	3 569.0	3 556.7	—12.3	3.551 04	12.25	35 4.1	—15.23	—185.8	—0.75	— 9.2	+0.04	+0.5	—15.94	3 540,8	3.549 10
6.7	2 968.8	2 951.0	2 959.9	+ 8.9	3.471 28	14.55		+15.08	+221.7	—2.41	—35.4	+0.35	+5.1	+13.02	2 972.9	3.473 18
7.8	3 247.4	3 238.0	3 242.7	+ 4.7	3.510 91	13.31		+ 6.11	+ 81.9	—0.53	— 7.1	+0.01	+0.1	+ 5.59	3 248,3	3 511 66
8.9	3 882.9	3 894.9	3 888.8	— 6.1	3.589 82	11.12		— 0.36	— 4.0	+0.19	+ 2.1	+0.01	+0.1	— 0.16	3 888,6	3.589 80
	30 867.5	30 837.5	30 852.5	+15.2	1.799 17			—32.09		—2.73		+0.35		—34.47		
			$l_m = 3428.1$	$m_l^2 = 94.85$			$\Delta w = \sum\limits_{0,1}^{5.6} =$	—52.92		+0.02		—0.02	$\sum pv^2 = 12{,}209$			

Tabelle 3

Raute Nr.	A { β, α, $\alpha+\beta$, $\gamma+\delta$, δ, γ }	A' { β', α', $\alpha'+\beta'$, $\gamma'+\delta'$, δ', γ' }	$A+A'$ Kontrolle	$(E)\log \sin A$ / $\ddot{u}$	ΔA	$\Delta^1 v$	$\Delta^2 v$	$\Delta^3 v$	v	$(E)\log \sin A'$ / $\ddot{u}'$	$\Delta A'$	$\Delta^1 v'$	$\Delta^2 v'$	$\Delta^3 v'$	v'	nach erfolgter Ausgleichung A	A'	$(E)\log \sin A$	$(E)\log \sin A'$
	103° 6.4	89° 14.0	192° 20.4			+1.87	+0.21	+0.02	+1.68			—1.12	+0.30	—0.01	—0.83	103° 8.0	89° 13.2		
	49 38.0	61 35.2	111 13.2	9.881 91	+10.7	+2.10	—0.28	+0.03	+1.85	9.944 25	+ 6.8	—1.58	+0.35	—0.02	—1.25	49 38.8	61 34.0	9.882 10	9.944 17
1	152 44.4	150 49.2	303 33.6	0.339 11	+24.5	+3.97	—0.49	+0.05	+3.53	0.311 98	+22.6	—2.70	+0.65	—0.03	—2.08	152 47.9	150 47.1	0.339 97	0.311 50
	143 25.2	140 31.8	283 57.0	9.775 21	—17.0	+1.26	+0.28	—0.01	+1.53	9.803 23	—15.3	—2.53	—0.44	—0.01	—2.98	143 26.7	140 28.8	9.774 95	9.803 69
	51 33.6	64 43.8	116 17.4	0.106 09	—10.1	+0.07	+0.19	—0.01	+0.25	0.043 68	— 6.0	—0.59	—0.26	0.00	—0.85	51 33.9	64 42.9	0.106 06	0.043 74
	91 51.6	75 48.0	167 34.6	0.102 32		+1.19	+0.09	0.00	+1.28	0.103 14		—1.94	—0.18	—0.01	—2.13	91 52.9	75 45.9	0.103 08	0.103 10
	90 54.9	89 8.2	180 3.1			+0.93	+0.16	0.00	+1.09			—1.70	—0.14	—0.01	—1.85	90 56.0	89 6.3		
	48 35.3	57 24.3	105 59.6	9.875 05	+11.1	+2.18	+0.06	+0.01	+2.25	9.925 57	+ 8.1	—2.72	—0.04	—0.02	—2.78	48 37.5	57 21.5	9.875 29	9.925 34
	139 30.2	146 32.5	286 2.7	0.187 49	+14.8	+3.11	+0.22	+0.01	+3.34	0.258 59	+19.1	—4.42	—0.08	—0.03	—4.63	139 33.5	146 27.9	0.187 97	0.257 71
2	139 51.7	149 28.4	289 20.1	9.809 32	—15.0	+1.04	+0.03	+0.01	+1.08	9.705 81	—21.4	+0.27	—0.07	+0.01	+0.21	139 52.8	149 28.6	9.809 15	9.705 77
	53 10.8	56 12.4	109 23.2	0.096 63	— 9.4	—0.45	+0.05	0.00	—0.40	0.080 37	— 8.5	+0.99	—0.07	+0.01	+0.93	53 10.4	56 13.4	0.096 66	0.080 29
	86 40.9	93 16.0	179 56.9	9.968 49		+1.49	—0.02	+0.01	+1.48	9.970 34		—0.72	0.00	0.00	—0.72	86 42.4	93 15.3	9.969 07	9.969 11
	95 15.3	85 14.2	100 29.5			+0.02	+0.09	0.00	+0.11			—1.45	+0.07	—0.01	—1.39	95 15.4	85 12.8		
	51 14.2	64 11.2	115 25.4	9.891 95	+10.2	+1.99	—0.01	+0.01	+1.99	9.954 35	+ 6.1	—3.00	+0.11	—0.02	—2.91	51 16.2	64 8.3	9.892 15	9.954 17
3	146 29.5	149 25.4	295 54.9	0.258 02	+19.1	+2.01	+0.08	+0.01	+2.10	0.293 54	+21.4	—4.45	+0.18	—0.03	—4.30	146 31.6	149 21.1	0.258 41	0.292 63
	146 56.9	152 14.3	299 11.2	9.736 71	—19.4	+2.79	—0.15	+0.01	+2.65	9.668 20	—24.0	—0.35	—0.11	+0.01	—0.45	146 59.6	152 13.8	9.736 19	9.668 32
	56 38.1	63 2.6	119 40.7	0.078 22	— 8.3	0.00	—0.02	0.00	—0.02	0.049 95	— 6.4	+1.01	—0.08	+0.01	+0.94	56 38.1	63 3.5	0.078 22	0.049 89
	90 18.8	89 11.7	179 30.5	9.964 90		+2.79	—0.13	+0.01	+2.67	9.966 04		—1.36	—0.03	0.00	—1.39	90 21.5	89 10.5	9.964 97	9.965 01

	95 0.7	93 10.8	188 11.5			+1.57	+0.17	−0.02	+1.72			−1.53	+0.23	−0.03	−1.33	95 2.4	93 9.4		
	53 45.9	58 35.6	112 21.5	9.906 66	+ 9.3	+4.01	+0.04	0.00	+4.05	9.931 20	+ 7.7	−3.98	+0.25	−0.03	−3.76	53 50.0	58 31.8	9.907 04	9.930 90
	148 46.6	151 46.4	300 33.0	0.285 36	+20.8	+5.58	+0.21	−0.02	+5.77	0.325 18	+23.5	−5.51	+0.48	−0.06	−5.09	148 52.4	151 41.2	0.286 56	0.323 98
4	143 0.2	152 24.7	295 24.9	9.779 43	−16.8	−8.24	+0.07	−0.02	−8.19	9.665 69	−24.1	+8.17	−0.76	+0.10	+7.51	142 52.0	152 32.2	9.780 80	9.663 87
	68 41.2	54 35.2	123 36.4	0.030 77	− 4.9	−5.11	+0.07	−0.02	−5.06	0.087 06	− 8.8	+5.08	−0.36	+0.05	+4.77	68 36.1	55 0.0	0.031 01	0.086 64
	74 19.0	97 29.5	171 48.5	0.002 22		−3.13	0.00	0.00	−2.13	0.009 13		+3.09	−0.40	+0.05	+2.74	74 15.9	97 32.3	0.005 41	0.005 39
	100 6.8	75 29.7	175 36.5			−4.32	+0.42	−0.06	−3.96			+2.76	+0.02	+0.01	+2.79	100 2.8	75 32.5		
	51 1.0	73 57.7	124 58.7	9.890 60	+10.2	−1.86	+0.32	−0.04	−1.58	9.982 76	+ 3.6	+0.76	−0.01	0.00	+0.75	50 59.4	73 58.5	9.890 44	9.982 79
	151 7.8	149 27.4	300 35.2	0.316 21	+22.9	−6.18	+0.74	−0.10	−5.54	0.293 97	+21.4	+3.52	+0.01	+0.01	+3.54	151 2.3	149 30.9	0.314 95	9.294 73
5	149 5.9	150 6.3	299 12.2	9.710 60	−21.1	+1.38	−0.57	+0.08	+0.89	9.697 58	−22.0	+1.28	−0.18	+0.01	+1.11	149 6.8	150 7.4	9.710 40	9.697 34
	51 21.4	63 27.3	114 48.7	0.107 32	−10.1	−0.14	−0.25	+0.03	−0.36	0.048 38	− 6.3	+1.24	−0.06	+0.01	+1.19	51 21.0	63 28.5	0.107 36	0.048 30
	97 44.5	86 39.0	184 23.5	0.024 73		+1.52	−0.32	+0.05	+1.25	0.022 69		+0.04	−0.12	0.00	−0.08	97 45.7	86 39.0	0.023 15	0.023 16
	83 56.4	110 3.2	193 59.6			−1.04	+0.09	−0.01	−0.96			−1.93	+0.30	−0.04	−1.67	83 55.4	110 1.6		
	59 50.9	39 36.3	99 27.2	9.936 86	+ 7.4	+0.79	+0.04	0.00	+0.83	9.804 48	+15.3	−2.87	+0.24	−0.04	−2.67	59 51.7	39 33.6	9.936 93	9.804 06
	143 47.3	149 39.5	293 26.8	0.228 58	+17.3	−0.25	+0.13	−0.01	−0.13	0.296 58	+21.6	−2.87	+0.24	−0.04	−2.67	143 47.2	149 35.2	0.228 56	0.295 65
6	147 22.4	145 49.2	293 11.6	9.731 72	−19.7	−0.33	−0.12	+0.02	−0.43	9.749 57	−18.6	+5.38	−0.55	+0.07	+4.50	147 22.0	145 54.1	9.731 80	9.748 66
	70 5.6	57 5.6	127 11.2	0.026 76	− 4.6	−1.03	−0.03	+0.01	−1.05	0.075 95	− 8.2	+3.11	−0.25	+0.03	+2.88	70 4.5	57 8.5	0.026 81	0.075 71
	77 16.8	88 43.6	166 0.4	9.923 92		+0.70	−0.09	+0.01	+0.62	9.926 58		+2.27	−0.30	+0.04	+2.01	77 17.4	88 45.6	9.924 10	9.924 08
	98 51.2	79 15.4	178 6.6			−1.47	+0.13	−0.01	−1.35			+0.65	−0.09	+0.01	+0.57	98 49.8	79 16.0		
	52 1.6	72 8.0	124 9.6	9.896 69	+ 9.8	0.00	+0.11	−0.01	+0.10	9.978 53	+ 4.1	−0.58	−0.08	+0.01	−0.65	52 1.7	72 7.4	9.896 70	9.978 51
	150 52.8	151 23.4	302 16.2	0.312 79	+22.7	−1.47	+0.24	−0.02	−1.25	0.319 80	+23.1	+0.07	−0.17	+0.02	−0.07	150 51.5	151 23.4	0.312 49	0.319 78
7	146 57.5	150 54.0	297 51.5	9.736 60	−19.5	−1.94	+0.18	+0.01	−1.75	9.686 94	−22.7	+3.34	−0.25	−0.01	+3.08	146 55.7	150 57.1	9.736 95	9.686 23
	53 58.3	61 59.8	115 58.1	0.092 20	− 9.2	−1.42	+0.06	0.00	−1.36	0.054 08	− 6.7	+2.00	−0.09	0.00	+1.91	53 56.9	62 1.7	0.092 33	0.053 95
	92 59.2	88 54.2	181 53.4	0.038 28		−0.52	+0.12	+0.01	−0.39	0.039 35		+1.34	−0.16	−0.01	+1.17	92 58.8	88 55.4	0.038 47	0.038 47
	90 46.4	110 5.1	200 51.5			−1.08	+0.11	0.00	−0.97			+1.13	−0.14	0.00	+0.59	90 45.4	110 6.1		
	59 47.2	41 4.8	100 52.0	9.936 59	+ 7.4	−0.23	+0.17	+0.01	−0.05	9.817 64	+14.5	+0.27	−0.19	−0.01	+0.07	59 47.1	41 4.9	9.936 59	9.817 65
	150 33.6	151 9.9	301 43.5	0.308 47	+22.4	−1.31	+0.28	+0.01	−1.02	0.316 70	+22.9	+1.40	−0.33	−0.01	+1.06	150 32.6	151 11.0	0.308 24	0.316 95
8	143 21.1	133 10.5	276 31.6	9.775 90	−17.0	−2.31	−0.36	−0.02	−2.69	9.862 89	−11.9	+2.22	+0.41	+0.02	+2.65	143 18.4	133 13.1	9.776 36	9.862 58
	61 19.2	56 3.9	117 23.1	0.056 85	− 6.9	−1.27	−0.20	−0.01	−1.48	0.081 10	− 8.5	+1.23	−0.22	+0.01	+1.46	61 17.7	56 5.4	0.056 95	0.080 97
	82 1.9	77 6.6	159 8.5	0.077 81		−1.04	−0.16	−0.01	−1.21	0.078 33		+0.99	+0.19	+0.01	+1.19	82 0.7	77 7.8	0.078 14	0.078 15

Summen-Kontrollen	β	−3.52	+0.96	−0.08	−2.64	β'	− 3.19	+0.55	−0.08	− 2.72
	α	+8.98	+0.45	+0.01	+9.44	α'	−13.70	+0.63	−0.13	−13.20
	$\alpha+\beta$	+5.46	+1.41	−0.07	+6.80	$\alpha'+\beta'$	−16.89	+1.18	−0.21	−15.91
	$\gamma+\delta$	−6.35	−0.64	+0.08	−6.91	$\gamma'+\delta'$	+17.78	−1.95	+0.20	+16.03
	δ	−9.35	−0.13	0.00	−9.48	δ'	+14.07	−0.95	+0.12	+13.24
	γ	+3.00	−0.51	+0.08	+2.57	γ'	+ 3.71	−1.00	+0.08	+ 2.79

Tabelle 4

$r = 0$	$M = 0.4343$	$\vartheta = 57^\circ\,28'$	$\sin 2\vartheta = 0.9068$	$\mu = 3.6$	$P_1 = 2.443$	$\left(\frac{t\mu}{m_l}\right)^2 = 0.6603$
$s = 6$	$\varrho = 3438$		$\frac{1 + 2\sin^4\vartheta}{H} = 0.7601$	$\mu^2 = 12.96$	$P_2 = 2.589$	$\frac{t}{N}\mu^2 = 28.50$
		$\sin\vartheta = 0.8431$			$\frac{l}{2Mm_l^2} = 41.61$	$\frac{t}{2H}\mu^2 = 4.750$
$N = 1$	$l_m = 3428$	$\sin^2\vartheta = 0.7108$	$t = \frac{2l}{\varrho \sin 2\vartheta} = 2.199$	$l\frac{\mu}{\varrho} = 3.59$		
$H = 3$	$m_l^2 = 94.85$	$\sin^4\vartheta = 0.5052$	$t^2 = 4.836$	$('')^2 = 12.89$	$\frac{Nl}{4Mt^2\mu^2\sin^2\vartheta} = 44.30$	$\frac{t}{H}\mu^2\sin^2\vartheta = 6.752$

$$\overline{\Gamma}_{rr} - 2\overline{\Gamma}_{rs} + \overline{\Gamma}_{ss} = 0.6985\,; \qquad m_l^2\, \Gamma_{k_3 q_3} = \frac{1}{(s-r) - (\overline{\Gamma}_{rr} - 2\overline{\Gamma}_{rs} + \overline{\Gamma}_{ss})} = 0.1886\,.$$

Raute Nr.	1	2	3	4	5	6	7	8	Kontroll-Summe
erste Näherung									
$\varkappa_i$	9.89 496	0.03 167	0.03 697	9.99 159	9.97 707	0.07 976	9.96 037	9.92 109	9.89 348
w_i	— 272	+ 16	+ 187	— 619	+ 180	+ 368	— 135	— 110	— 385
w'_i	— 190	+ 201	+ 301	+ 72	— 24	+ 634	— 28	— 58	+ 908
$w_i + w'_i$	— 462	+ 217	+ 488	— 547	+ 156	+ 1 002	— 163	— 168	+ 523
$w_i - w'_i$	— 82	— 185	— 114	— 691	+ 204	— 266	— 107	— 52	— 1 293
W_{i_1}	—0.19 22	+0.09 03	+0.20 31	—0.22 76	+0.06 49	+0.41 69	—0.06 78	—0.06 99	+0.21 77
W_{i_2}	—0.03 63	—0.08 20	—0.05 05	—0.30 61	+0.09 04	—0.11 78	—0.04 74	—0.02 30	—0.57 27
K_{i_2}	+0.05 55	+0.10 73	+0.14 04	+0.20 57	+0.08 60	+0.10 74	+0.07 43	+0.03 76	+0.81 43
$K_{i_2}\sin^2\vartheta$	+0.03 94	+0.07 63	+0.09 98	+0.14 62	+0.06 11	+0.07 63	+0.05 28	+0.02 67	+0.57 86
$\overline{K}_{i_1}$	+0.05 398	—0.06 034	—0.11 108	—0.00 793	—0.13 582	—0.25 898	—0.07 996	—0.00 417	—0.60 430
	$w = +\,52.9$				$W_{i_3} = +\,0.5577$			$K_{i_3} = -\,0.05635$	
K_{i_1}	+0.0551	—0.0577	—0.1057	+0.0027	—0.1154	—0.2196	—0.0606	+0.0038	—0.4974
$K_{i_1} + K_{i_2}$	+0.1106	+0.0496	+0.0347	+0.2084	—0.0294	—0.1122	+0.0137	+0.0414	+0.3168
$K_{i_1} - K_{i_2}$	—0.0004	—0.1650	—0.2461	—0.2030	—0.2014	—0.3270	—0.1349	—0.0338	—1.3116
$\Delta\varkappa_i\, 10^5$	+178.1	— 60.0	—184.9	+278.6	— 27.7	—407.5	+139.8	+ 85.9	+ 2.3
$\Delta u_i\, 10^5$	+ 97.6	+ 38.9	+ 4.6	+316.8	—188.2	+ 12.8	+ 17.5	+ 17.0	+337.0
$\Delta u'_i\, 10^5$	— 29.5	—120.6	—111.6	—401.7	+ 42.1	—273.2	— 90.0	— 0.9	—985.4
$\Delta w_i\, 10^5$	+275.7	— 1.1	—180.3	+595.4	—215.9	—394.7	+157.3	+102.9	+339.3
$\Delta w'_i\, 10^5$	+148.6	—180.6	—296.5	—123.1	+ 14.4	—680.7	+ 49.8	+ 85.0	—983.1

zweite Näherung	w_i	+ 3.7	+ 14.9	+ 6.7	— 23.6	— 35.9	— 26.7	+ 22.3	— 7.1	— 45.7
	w'_i	— 41.4	+ 20.4	+ 4.5	— 51.1	— 9.6	— 46.7	+ 21.8	+ 27.0	— 75.1
	$w_i + w'_i$	— 37.7	+ 35.3	+ 11.2	— 74.7	— 45.5	— 73.4	+ 44.1	+ 19.9	—120.8
	$w_i — w'_i$	+ 45.1	— 5.5	+ 2.2	+ 27.5	— 26.3	+ 20.0	+ 0.5	— 34.1	+ 29.4
	W_{i_1}	—0.0157	+0.0147	+0.0047	—0.0311	—0.0189	—0.0305	—0.0184	+0.0083	—0.0501
	W_{i_2}	+ 200	— 24	+ 10	+ 122	— 116	+ 89	+ 2	— 151	+ 132
	K_{i_2}	—0.0094	—0.0044	—0.0044	—0.0059	+0.0013	—0.0024	+0.0015	+0.0064	—0.0173
	$K_{i_2} \sin^2\vartheta$	— 67	— 31	— 31	— 42	+ 9	— 17	+ 11	+ 45	+ 123
	$\overline{K}_{i_1}$	+0.00690	+0.00115	+0.01062	—0.02948	+0.03032	+0.02568	+0.00191	—0.00262	+0.10244
		$w = — 0.02$			$W_{i_3} = — 0.0002$			$K_{i_3} = — 0.0048$		
	K_{i_1}	+0.0070	+0.0014	+0.0111	+0.0304	+0.0321	+0.0290	+0.0036	—0.0020	+0.1126
	$K_{i_1} + K_{i_2}$	— 24	— 30	+ 67	+ 245	+ 334	+ 266	+ 51	+ 44	+ 953
	$K_{i_1} — K_{i_2}$	+ 164	+ 58	+ 155	+ 363	+ 308	+ 314	+ 21	— 84	+ 1299
	$\Delta\varkappa_i\, 10^5$	+ 14.1	— 16.4	— 12.9	+ 21.9	+ 5.5	+ 26.2	— 28.3	— 9.2	+ 0.9
	$\Delta\ddot{u}_i\, 10^5$	— 21.7	+ 3.0	+ 4.5	+ 3.2	+ 34.8	+ 5.0	+ 2.5	+ 15.0	+ 46.3
	$\Delta\ddot{u}'_i\, 10^5$	+ 25.4	— 1.7	+ 7.7	+ 34.7	+ 4.5	+ 27.6	+ 2.0	— 17.1	+ 83.1
	$\Delta w_i\, 10^5$	— 7.6	— 13.4	— 8.4	+ 25.1	+ 40.3	+ 31.2	— 25.8	+ 5.8	+ 47.2
	$\Delta w'_i\, 10^5$	+ 39.5	— 18.1	— 5.2	+ 56.6	+ 10.0	+ 52.8	— 26.3	— 26.3	+ 84.0
dritte Näherung	w_i	— 3.9	+ 1.5	— 1.7	+ 1.5	+ 4.4	+ 4.5	— 3.5	— 1.3	+ 1.5
	w'_i	— 1.9	+ 2.3	— 0.7	+ 5.5	+ 0.4	+ 7.1	— 4.5	+ 0.7	+ 8.9
	$w_i + w'_i$	— 5.8	+ 3.8	— 2.4	+ 7.0	+ 4.8	+ 11.6	— 8.0	— 0.6	+ 10.4
	$w_i — w'_i$	— 2.0	— 0.8	— 1.0	— 4.0	+ 4.0	— 2.6	+ 1.0	— 2.0	— 7.4
	W_{i_1}	—0.0024	+0.0016	—0.0010	+0.0029	+0.0020	+0.0048	—0.0033	—0.0002	+0.0044
	W_{i_2}	— 9	— 4	— 4	— 18	+ 18	— 12	+ 4	— 9	— 34
	K_{i_2}	+0.0006	+0.0007	+0.0008	+0.0010	—0.0001	+0.0005	+0.0002	+0.0004	+0.0041
	$K_{i_2} \sin^2\vartheta$	+ 4	+ 5	+ 6	+ 7	— 1	+ 4	+ 1	+ 3	+ 29
	$\overline{K}_{i_1}$	+0.00062	—0.00092	—0.00124	—0.00312	—0.00349	—0.00340	—0.00001	+0.00008	—0.01148
		$w = 0.00$			$W_{q_3} = 0.0000$			$K_{q_3} = + 0.0006$		
	K_{i_1}	+0.0006	—0.0009	—0.0012	—0.0032	—0.0037	—0.0039	—0.0002	—0.0001	—0.0126
	$K_{i_1} + K_{i_2}$	+ 12	— 2	— 4	— 22	— 38	— 34	0	+ 3	— 85
	$K_{i_1} — K_{i_2}$	0	— 16	— 20	— 42	— 36	— 44	— 4	— 5	— 167

Tabelle 5a

i		U_{i_1}
1		1.000
2	$P_1 =$	2.443
3		4.968
4		9.693
5		18.710
6		36.016
7		69.273
8		133.211
9		256.148
10		492.532
$\sum_{i=1}^{9}$		531.462

Tabelle 5b $\Gamma'_{h_1 q_1}$

	1	3	3	4	5	6	7	8
1	0.52 0055	0.2704	0.1406	0.0730	0.0378	0.0194	0.0095	0.0039
2	0.27 0442	0.6607	0.3435	0.1785	0.0924	0.0474	0.0233	0.0095
3	0.14 0607	0.3435	0.6985	0.3629	0.1880	0.0964	0.0474	0.0194
4	0.07 3048	0.1785	0.3629	0.7080	0.3668	0.1880	0.0924	0.0378
5	0.03 7841	0.0924	0.1880	0.3669	0.7080	0.3629	0.1784	0.0731
6	0.01 9394	0.0474	0.0964	0.1880	0.3629	0.6985	0.3435	0.1406
7	0.00 9537	0.0233	0.0474	0.0924	0.1784	0.3435	0.6607	0.2704
8	0.00 3904	0.0095	0.0094	0.0378	0.0730	0.1406	0.2704	0.5201
S	1.07 4828	1.6257	1.8967	2.0074	2.0074	1.8967	1.6256	1.0747

Tabelle 6a

i		U_{i_2}
1		1.000
2	$P_2 =$	2.589
3		5.703
4		12.178
5		25.826
6		54.688
7		115.766
8		245.042
9		518.672
10		1097.851
$\sum_{i=1}^{9}$		981.462

Tabelle 6b $\Gamma''_{h_2 q_2}$

	1	2	3	4	5	6	7	8
1	0.47 2441	0.2232	0.1054	0.0498	0.0235	0.0110	0.0050	0.0019
2	0.22 3197	0.5779	0.2730	0.1289	0.0608	0.0285	0.0129	0.0050
3	0.10 5438	0.2730	0.6014	0.2840	0.1339	0.0627	0.0285	0.0110
4	0.04 9792	0.1289	0.2840	0.6063	0.2859	0.1339	0.0608	0.0235
5	0.02 3478	0.0608	0.1339	0.2859	0.6063	0.2840	0.1289	0.0498
6	0.01 0996	0.0285	0.0627	0.1339	0.2840	0.6014	0.2730	0.1054
7	0.00 4992	0.0129	0.0285	0.0608	0.1289	0.2730	0.5779	0.2232
8	0.00 1928	0.0050	0.0110	0.0235	0.0498	0.1054	0.2232	0.4724
S	0.89 2262	1.3100	1.2999	1.5731	1.5731	1.4999	1.3101	0.8922

folgt $w = \tilde{S} - S = +\,52{,}9$ m. Zur Kontrolle wird man das Kettenstück nochmals mit den um $\sigma - \bar{\sigma}$ verbesserten Richtungen durchrechnen und dann den Widerspruch nach (36b) bestimmen.

Mit w sind auch W_{i_3} (59b) und die Korrelate der Anschlußbedingung K_{i_3} nach (65) bekannt. Der Nenner darin (Zahlenwerte in Tab. 4 oben) reduziert sich wegen $r = 0$ in unserem Beispiel auf $6 - \bar{\Gamma}_{66}$ und aus dem gleichen Grunde ist auch $\bar{K}_r = 0$ zu setzen.

Nach (64) folgt nun weiter $K_{h_1} = \bar{K}_{h_1} - \bar{\Gamma}_{h_1 6} K_{i_3}$. Wir rechnen in Tab. 4 damit $K_{h_1} + K_{h_2}$ sowie $K_{h_1} - K_{h_2}$ und sind nun in der Lage, auf Grund der Formeln (66a, b, c) die ersten Verbesserungen $\Delta^1 v$ sämtlicher Richtungen und Seiten anzugeben, welche wir in Tab. 1, bzw. Tab. 2 zusammenstellen. Die hierbei erforderlichen Faktoren findet man wieder im Kopf der Tab. 4. Auf Grund der aus Abb. 6 abzulesenden Beziehungen [1; Gl. (15)] ergeben sich aus den Richtungsverbesserungen auch die Winkelverbesserungen $\Delta^1 v$ in Tab. 3. Alle diese Rechnungen lassen sich durch entsprechende Summenkontrollen sichern.

Da wir uns von vornherein auf ein Approximationsverfahren eingelassen haben, braucht man sich gar nicht der Hoffnung hinzugeben, daß alle Widersprüche jetzt beseitigt wären. Es wird daher unsere Aufgabe sein, die noch verbleibenden Reste zu bestimmen und dem gleichen Ausgleichungsprozeß zu unterwerfen.

Die von den ersten Seitenverbesserungen $\Delta^1 v$ hervorgerufenen Änderungen $\Delta^1 \log l$ erhält man einfach durch Multiplikation von $\Delta^1 v$ mit Δ in Tab. 2. Nach Differenzbildung ergeben sich daraus die in Tab. 4 eingetragenen $\Delta^1 \varkappa_i$. Ebenso notieren wir hier die Änderungen $\Delta \ddot{u}_i$ und $\Delta \ddot{u}'_i$, welche die Übertragungsfaktoren $\ddot{u}_i$ bzw. $\ddot{u}'_i$ infolge der Winkeländerungen Δv (Tab. 3) erfahren und durch Multiplikation von Δv mit ΔA bzw. von $\Delta v'$ mit $\Delta A'$ und Addition gefunden werden; z. B. ist

$$\Delta^1 \ddot{u}'_5 = +\,0{,}76 \cdot 3{,}6 + 3{,}52 \cdot 21{,}4 - 1{,}28 \cdot 22{,}0 - 1{,}24 \cdot 6{,}3 = +\,42{,}1.$$

Da für diese Rechnungen keine praktischen Kontrollmöglichkeiten bestehen, werden sie zur Sicherheit doppelt durchgeführt. $\Delta^1 \ddot{u}_i$ und $\Delta^1 \ddot{u}_i'$ liefern zu $\Delta^1 \varkappa_i$ addiert die durch den ersten Schritt unserer Ausgleichung bewirkten Änderungen $\Delta^1 w_i$ bzw. $\Delta^1 w_i'$ und diese wiederum geben zusammen mit den ursprünglichen Widersprüchen die noch verbleibenden Restwidersprüche $w_i^{(2)} = w_i^{(1)} + \Delta^1 w_i$ bzw. $w_i'^{(2)} = w_i'^{(1)} + \Delta^1 w_i'$, welche wir als Widersprüche für die zweite Näherung zugrunde legen und in ganz analoger Weise behandeln. Sowohl die Korrelatentabellen 5b und 6b, wie auch die im Kopf von Tab. 4 aufgeführten Zahlenwerte können dabei unverändert benutzt werden. Es sei nur noch bemerkt, daß sich die Änderung $\Delta^1 w$ des Widerspruchs der Anschlußbedingung nach Addition der ersten sechs $\Delta^1 v$ in Tab. 2 ergibt und damit der für die zweite Näherung einzuführende Widerspruch $w^{(2)} = w^{(1)} + \Delta^1 w$.

Ich habe hier im ganzen drei Näherungen durchgeführt; wie der Leser aber selbst durch Anschauung von Tab. 4 bemerken wird, hätten schon zwei Schritte genügt. Dabei muß hervorgehoben werden, daß dieses Beispiel absichtlich mit ungewöhnlich großen Ausgangswidersprüchen gewählt wurde.

Die Summe der hier bei den einzelnen Schritten erhaltenen Verbesserungen liefert die endgültigen Verbesserungen, welche wir an den Beobachtungen anbringen und zur Kontrolle die ausgeglichene Rautenkette in Tab. 3 noch einmal durchrechnen. Aus dem zunächst vorläufig orientierten Kettenstück zwischen den Festpunkten folgen nach entsprechender Drehung die in Tab. 1 aufgeführten endgültigen Richtungen.

Wir schreiten nun zur Berechnung der nach der Ausgleichung verbliebenen Koordinatenfehler und wollen diese an einem willkürlich herausgegriffenen Nadir, etwa N_4, praktisch durchführen. Da dieser Nadir zwischen den Festpunkten liegt, $(r < k < s)$, haben wir nach den früher getroffenen Vereinbarungen — siehe (71a) und (73a) — zu setzen $b = r = 0$, $c = k = 4$, $d = s = 6$.

Zur Bestimmung des Längsfehlers nach (70) bzw. (72) benötigen wir noch die Gewichtsgrößen $\Gamma_{i_1 j_1}$, welche sich mittels (69, 1) in Verbindung mit (69, 3) auf die bereits bekannten $\bar{\Gamma}_{i_1 j_1}$ (Tab. 5b) zurückführen lassen. Nach der letzten Formel berechneten wir bereits (Tab. 4 oben) $m_l^2 \Gamma_{k_3 q_3}$, damit ergibt sich $m_l^2 \Gamma_{k_3 q_1}$ und schließlich nach (69, 1) $m_l^2 \Gamma_{h_1 q_1}$. In unserem Beispiel findet man so

$$m_l^2 \Gamma_{k_3 q_3} = \frac{1}{6 - \bar{\Gamma}_{66}} = \Gamma'_{k_3 q_3}; \qquad m_l^2 \Gamma_{k_3 q_1} = - \frac{1}{6 - \bar{\Gamma}_{66}} \Gamma_{6 q_1} = \Gamma'_{k_3 q_1};$$

$$m_l^2 \Gamma_{h_1 q_1} = \bar{\Gamma}_{h_1 q_1} + \bar{\Gamma}_{h_1 6} \frac{1}{6 - \bar{\Gamma}_{66}} \bar{\Gamma}_{6 q_1} = \Gamma'_{h_1 q_1}.$$

Die numerischen Werte dieser Größen, welche wir zum Unterschied von den nicht weiter gebrauchten eigentlichen Gewichtskoeffizienten mit einem Strich (′) versehen haben, sind in Tab. 7 zusammengestellt.

Tabelle 7 $\qquad m_l^2 \times (\Gamma'_{h_1 q_1}, \Gamma'_{h_1 q_3}, \Gamma'_{h_3 q_1}$ und $\Gamma'_{h_3 q_3})$

h_1 \ q_1	1	2	3	4	5	6	7	8	q_3
1	0.5201	0.2706	0.1410	0.0737	0.0392	0.0220	0.0108	0.0044	—0.0037
2	0.2706	0.6611	0.3444	0.1801	0.0957	0.0536	0.0264	0.0108	—0.0089
3	0.1410	0.3444	0.7003	0.3663	0.1946	0.1091	0.0536	0.0220	—0.0182
4	0.7374	0.1801	0.3663	0.7147	0.3797	0.3128	0.1046	0.0428	—0.0355
5	0.0392	0.9568	0.1946	0.3797	0.7329	0.2107	0.2020	0.0827	—0.0685
6	0.0219	0.5363	0.1090	0.2128	0.4107	0.7905	0.3888	0.1591	—0.1318
7	0.0108	0.2637	0.0536	0.1046	0.2020	0.3888	0.6829	0.2796	—0.0648
8	0.0044	0.1080	0.0219	0.0428	0.0827	0.1591	0.2796	0.5238	—0.0265
h_3	—0.0037	—0.0089	—0.0182	—0.0355	—0.0685	—0.1318	—0.0648	—0.2652	+0.18863

Damit erhält man aus (70) wegen $r = 0$

$$m_x^2(k) = M_x^2(k) - \Delta M_x^2(k) = m_l^2 \left[(s-k)\frac{k}{s} - \frac{1}{s^2}\left(k^2 \Gamma'_{ss} - 2sk\,\Gamma'_{ks} + s^2 \Gamma'_{kk}\right)\right];$$

$$m_x^2(4) = 94{,}85\left[2\cdot\frac{4}{6} - \frac{1}{6^2}\left(4^2\cdot 0{,}7905 - 2\cdot 6\cdot 4\cdot 0.2128 + 6^2\cdot 0{,}7147\right)\right]$$

$$= 94{,}85\,[1{,}333 - 0.782] = 52{,}26\,.$$

Zur Kontrolle und, um die Richtigkeit der an sich umständlicheren Formel (72) zu demonstrieren, wollen wir vorstehenden Fehlerwert auch nach dieser berechnen. Wegen $\Gamma_{h_1 q_1} = \frac{1}{m_l^2}\Gamma'_{h_1 q_1}$ ergibt sich mit Hilfe der in Tab. 4 bereits niedergelegten Zahlenwerte für den gemeinsamen Faktor in (72) $\frac{1}{m_l^2}\left[4\left(l\frac{\mu}{\varrho}\right)^2 \frac{1+2\sin^4\vartheta}{H(s-r)\sin^2 2\vartheta}\right]^2 = 0{,}5170$, ebenso in (71 b) $\frac{2(1+2\sin^4\vartheta)}{3H(s-r)^2\sin^2 2\vartheta}\left(l\frac{\mu}{\varrho}\right)^2 = 0{,}1945$. Mit Heranziehung von Tab. 7 erhält man dann schließlich

$$m_x^2(k) = M_x^2(k) - \Delta M_x^2(k) = 0{,}1945\,[2(s-k)\,k+1]\,s(s-k)\,k$$

$$-\,0{,}5170\left[(s-k)^2\sum_{i=1}^{k-1}\sum_{j=1}^{k-1} ij\,\Gamma'_{i_1 j_1} + 2(s-k)k\sum_{i=1}^{k-1}\sum_{j=k}^{s-1} i(s-j)\,\Gamma'_{i_1 j_1} + k^2\sum_{i=k}^{s-1}\sum_{j=k}^{s-1}(s-i)(s-j)\,\Gamma'_{i_1 j_1}\right];$$

$$m_x^2(4) = 0{,}1945\,[2\cdot 2\cdot 4+1]\,6\cdot 2\cdot 4 - 0{,}5170\left\{2^2\left[\begin{array}{r} 1\cdot 1\cdot 0{,}5201 + 1\cdot 2\cdot 0{,}2706 + 1\cdot 3\cdot 0{,}1410 \\ +\,2\cdot 1\cdot 0{,}2706 + 2\cdot 2\cdot 0{,}6611 + 2\cdot 3\cdot 0{,}3444 \\ +\,3\cdot 1\cdot 0{,}1410 + 3\cdot 2\cdot 0{,}4444 + 3\cdot 3\cdot 0{,}7003\end{array}\right]\right.$$

$$\left. +\,2\cdot 2\cdot 4\left[\begin{array}{r} 1\cdot 2\cdot 0{,}0737 + 1\cdot 1\cdot 0{,}0392 \\ +\,2\cdot 2\cdot 0{,}1801 + 2\cdot 1\cdot 0{,}0957 \\ +\,3\cdot 2\cdot 0{,}3663 + 3\cdot 1\cdot 0{,}1946\end{array}\right] + 4^2\left[\begin{array}{r} \cdot 2\cdot 2\cdot 0{,}7147 + 2\cdot 1\cdot 0{,}3797 \\ +\,1\cdot 2\cdot 0{,}3797 + 1\cdot 1\cdot 0{,}7329\end{array}\right]\right\}$$

$$= 0{,}1945\cdot 17\cdot 48 - 0{,}5170\,[4\cdot 15{,}5284 + 16\cdot 3{,}8800 + 16\cdot 5{,}1105] = 158{,}712 - 106{,}482 = 52{,}23\,.$$

Die Ermittlung des Querfehlers m_y nach den Formeln (73 b), (74 b, c) gestaltet sich ähnlich. Es ist $\frac{1}{3N(s-r)^2}\left(\frac{l\mu}{\varrho}\right)^2 = 0{,}1194$, $\frac{1}{2N}\left[\frac{1}{(s-r)\sin\vartheta}\left(\frac{l\mu}{\varrho}\right)\right]^2 = 0{,}2519$
und wegen $r < k < s$ und $b = r = 0$

$$m_y^2(k) = M_y^2(k) - \Delta M_y^2(k) = 0{,}1194\cdot[2(s-k)\,k+1]\,s(s-k)\,k - 0{,}2519\sum_{i=1}^{s}\sum_{j=1}^{s} A_{i_2 j_2}\Gamma''_{i_2 j_2};$$

mit $A_{i_2 j_2} =$

$0<j<k$	$j=k$	$k<j<s$	$j=s$	bei
$4(s-k)^2$	$2(s-k)(s-2k)$	$-4(s-k)k$	$-2(s-k)k$	$0<i<k$
$2(s-k)(s-2k)$	$(s-2k)^2$	$-2(s-2k)k$	$-(s-2k)k$	$i=k$
$-4(s-k)k$	$-2(s-2k)k$	$4k^2$	$2k^2$	$k<i<s$
$-2(s-k)k$	$-(s-2k)k$	$2k^2$	k^2	$i=s$

also mit Benutzung der Tab. 6 b

$$m_y^2(4) = 0{,}1194\,[2\cdot 2\cdot 4+1]\cdot 6\cdot 2\cdot 4 -$$

$$-0{,}2519\left\{\begin{array}{l} 4\cdot 2^2\left[\begin{array}{r} 0{,}4724 + 0{,}2232 + 0{,}1054 \\ +\,0{,}2232 + 0{,}5779 + 0{,}2730 \\ +\,0{,}1054 + 0{,}2730 + 0{,}6014\end{array}\right] + 2\cdot 2(-2)\left[\begin{array}{r} 0{,}0498 \\ +\,0{,}1289 \\ +\,0{,}2840\end{array}\right] - 4\cdot 2\cdot 4\left[\begin{array}{r} 0{,}0235 \\ +\,0{,}0608 \\ +\,0{,}1339\end{array}\right] - 2\cdot 2\cdot 4\left[\begin{array}{r} 0{,}0110 \\ +\,0{,}0285 \\ +\,0{,}0627\end{array}\right] \\ +\,2\cdot 2(-2)[0{,}0498 + 0{,}1289 + 0{,}2840] + (-2)^2\cdot 0{,}6063 - 2(-2)4\cdot 0{,}2859 - (-2)\cdot 4\cdot 0{,}1339 \\ -\,4\cdot 2\cdot 4\,[0{,}0235 + 0{,}0608 + 0{,}1339] - 2\cdot(-2)\cdot 4\cdot 0{,}2859 + 4\cdot 4^2\cdot 0{,}6063 + 2\cdot 4^2\cdot 0{,}2840 \\ -\,2\cdot 2\cdot 4\,[0{,}0110 + 0{,}0285 + 0{,}0627] - (-2)\cdot 4\cdot 0{,}1339 + 2\cdot 4^2\cdot 0{,}2840 + 4^2\;0{,}6044 \end{array}\right\}$$

$$= 97{,}430 - 25{,}532 = 71{,}90\,.$$

Auf diese Weise wurden die Koordinatenfehler sämtlicher Nadire berechnet. Das Ergebnis ist in Abb. 8a und 8b veranschaulicht, wo gleichzeitig die mittleren Fehler in den Fällen des einfachen Rautenaufbaues (R) und der reinen Polygonierung (P) aufgetragen sind. Die durch die Kombination beider Verfahren erzielte Verbesserung wird dadurch besonders deutlich. Sie ist beim Querfehler gering, während der Längsfehler ungefähr auf den halben Betrag zurückgeht.

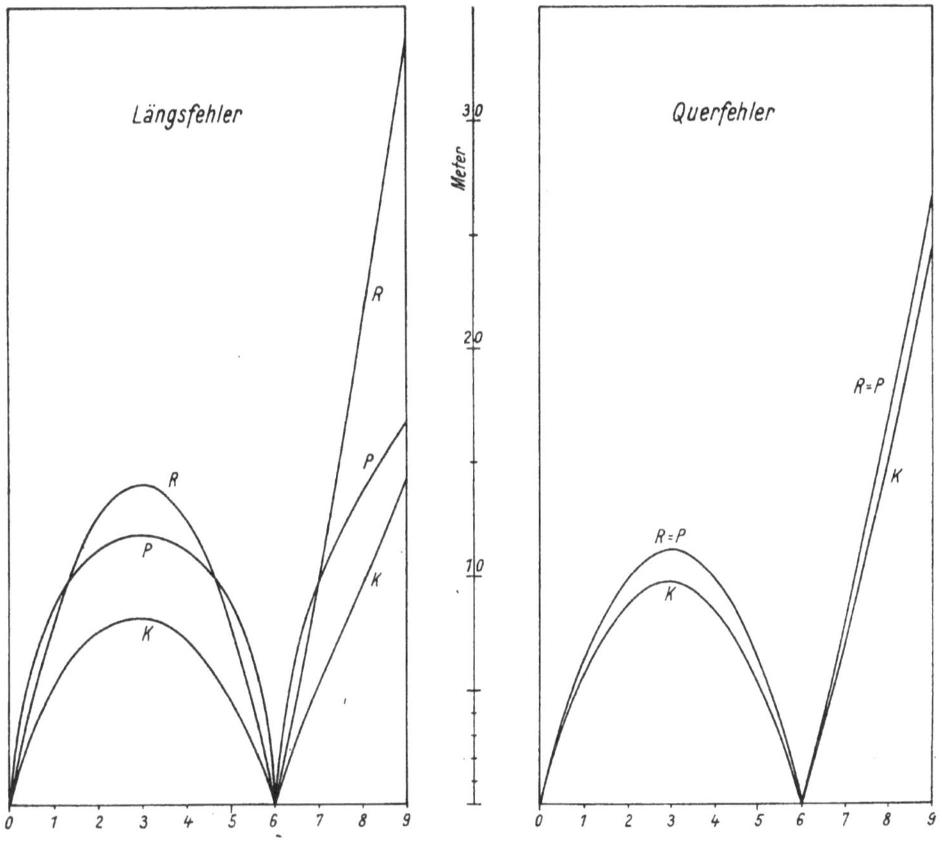

Abb. 8a Abb. 8b

Zum Schluß bilden wir noch aus den nach der Ausgleichung übrigbleibenden Fehlern in Tab. 1 und Tab. 2 die Fehlerquadratsumme $\sum pv^2 = 10{,}400 + 12{,}209 = 22{,}609$. Durch die Zahl der Bedingungen dividiert, erhält man daraus für den mittleren Fehler der Gewichtseinheit $\mathfrak{m} = \frac{22{,}609}{17} = 1{,}15$. Die geringe Abweichung von der Einheit zeigt, daß unsere Gewichtsannahmen annähernd zutreffend waren.

Wenn auch die hier erörterten Ergebnisse im wesentlichen durch das Zahlenmaterial des gewählten Beispiels bestimmt sind, so kann man doch behaupten, daß die mit dem Rautenaufbau kombinierte Polygonierung einen wesentlichen Genauigkeitsgewinn in der Nadirtriangulation zur Folge hat.

Literaturverzeichnis

1. K. Reicheneder, Fehlertheorie und Ausgleichung von Rautenketten in der Nadirtriangulation. Deutsche Akademie der Wiss. zu Berlin, Veröff. des Geodätischen Institutes in Potsdam, Nr. 1, 1949.
2. O. v. Gruber, Horizontbilder und ihre Anwendung. Photogrammetria, 1940, S. 61.
3. Jordan-Eggert, Handbuch der Vermessungskunde, Bd. I (1935), Bd. II, 1 (1931).
4. K. Reicheneder, Algebraische Darstellung der geodätischen Ausgleichsrechnung, insbesondere beim Aufbau großer Dreiecksnetze, ein Beitrag zur Lösung umfangreicher linearer Gleichungssysteme. Die Tätigkeit der Baltischen Geodätischen Kommission 1942/1943. Helsinki 1944.
5. A. Buchholtz, Zur Ausgleichung von Rautenzügen. Acta Universitis. Riga 1936.

FSC
www.fsc.org
MIX
Papier | Fördert gute Waldnutzung
FSC® C083411

Kolibri 360 GmbH
Ferdinand-Jühlke-Straße 7
99095 Erfurt, Deutschland
produktsicherheit@kolibri360.de